쓸모있는 결과를 얻는 IT 프로젝트 관리 핸드북

정보사업관리

김 화 종 저

정보사업이 왜 어려운지,
트렌드 파악이 왜 중요한지,
어떻게 사업을 기획하고 관리할지를
명쾌하게 소개한 책

홍릉과학출판사

머리말

건축 전문가가 아닌 일반인들도 건물이 어떤 순서로 지어지는지 그리고 현재 건물이 얼마나 완성되었는지 확인하는 것이 가능하다. 이와 달리 정보사업은 어떤 순서로 진행되는지 그리고 얼마나 만들어졌는지 파악하기가 어렵다. 왜냐하면 정보사업은 소프트웨어 개발 등 눈에 보이지 않는 작업이 많고 중간 점검이 어렵기 때문이다.

민간 영역의 정보사업은 수익창출이라는 기업의 목표가 분명하므로 사업을 효율적으로 관리한다. 비효율적인 사업은 바로 조정대상이 되고 필요하면 예산을 긴급 투입하기도 한다. 그러나 공공 정보사업에서는 사업의 중도 포기나 추가 예산 투입이 어렵다. 더욱이 앞으로는 새로운 정보 서비스를 구축하려면 무료로 제공되는 스마트폰 앱 서비스의 품질과도 경쟁해야 한다.

이 책에서는 정보사업 특히 공공 정보사업의 효과적인 기획과 관리

방법을 소개한다. 저자는 지난 6년간 강원도청 IT정책실장을 겸임하면서 여러 분야의 공공 정보사업을 추진할 기회가 있었으며, 이 책에 그 경험의 일부를 썼다. 이 책이 공공 정보사업을 추진하는 지자체나 사업수행자에게 조금이라도 도움이 되기를 기대한다.

이 책이 나오기까지는 많은 사람들의 도움을 받았다. 그동안 같이 정보사업을 기획하고 진행한 동료들에게 감사하며 이 책이 출간되도록 도와준 홍릉과학출판사에 감사한다. 무엇보다 항상 격려를 아끼지 않은 가족에게 고마움을 전한다.

2012. 7.

춘천 호반에서

저자

차례

1. 정보사업은 왜 어려운가?

대부분의 정보사업은 마감일이 다가올수록 일이 정리되지 않고 오히려 일이 늘어난다. 여유 있게 사업을 마무리하는 경우는 드물고 뭔가 아쉬움을 남기면서 시간에 쫓겨 마감을 한다. 마감 후에도 보완작업이 몇 달간 계속되는 것은 보통이다. 결과가 만족스럽지 않아 배상금을 물기도 한다.

정보사업은 왜 항상 이렇게 어려울까? 좀 더 관리를 잘하고 사업을 성공적으로 수행할 수는 없을까? 1장에서는 왜 정보사업들이 자주 골치 아픈 사업으로 변하게 되는지 그 이유를 알아보겠다.

사람들은 정보 서비스에 익숙하다

우리는 정보 서비스 속에서 살고 있다. 웹서핑, 카카오톡, 트위터, 스마트폰, 홈쇼핑, 교통카드, CCTV, 인터넷 영화, 음악 듣기, 전자책 등 우리의 일상생활에는 정보 서비스가 깊이 스며들어 있다.

특히 스마트폰의 등장으로 정보 서비스는 더욱 다양해졌고 사용하기도 쉬워졌다. 젊은 사람들은 스마트폰을 통해 정보를 얻는 것이 예전에 PC를 사용하는 것만큼이나 익숙하다. 스마트폰 없이 밖에 나가면 불안하다. 이제 스마트폰이 없으면 신발 없는 세상처럼 불편할 것이다.

그림을 그리는 사람들에게는 사람의 얼굴을 그리는 것이 가장 어렵다고 한다. 얼굴은 모두에게 너무 익숙하므로 조금만 잘못 그려도 어색하다고 한다. 미묘한 터치의 차이로 인상이 달라진다. 정보 서비스도 이제 우리에게 너무 익숙해져 있어 조금만 불편해도 불만이 나온다. 게다가 이용자들이 점차 똑똑해져서 새로운 서비스를 계속 요구하고 있다.

이렇게 우리에게 이미 익숙해진 정보 서비스를 더 좋게 만들고 더 저렴하게 제공하는 일은 매우 고달픈 작업이 되었다. 기술의 발달로 경쟁도 치열해져서 정보사업자가 수익을 내기도 어렵다. 정보사업은 이제 첨단 기술 사업이 아니라 경쟁이 치열하고 수익이 적은 레드오션

사업이 된 것이다.

사람들에게 이미 익숙한 것을 더 흥미롭게 만드는 것은 어려운 일이다.

많은 정보사업이 기대한 만큼의 만족도를 얻지 못하는 주요 원인은 사람들의 기대치가 빠른 속도록 높아지기 때문이다. 우리나라 대부분의 가정에서 사용하는 초고속망의 속도는 이제 10Mbps를 넘는다. 수년 전의 1Mbps 속도에 비하면 엄청나게 빨라졌고 이제는 어느 정도 만족스럽게 잘 사용하고 있다. 그런데 어느 날 옆집에서는 20Mbps 속도가 나온다는 사실을 알게 되면 갑자기 서비스 품질이 반으로 떨어진 것처럼 느낀다. 사람의 만족도는 원래 상대적이라고는 하지만 정보 서비스의 경우는 이런 상대적 불만감이 더 심하다.

이렇게 정보 서비스 이용자가 점차 까다로워져서 정보사업을 수행하기가 어려워지고 있다. 사람들이 이제 누구나 정보 서비스 이용에 있어 전문가가 되었다. 더구나 불편한 사항은 바로 트위터나 블로그를 통해서 인터넷에 올린다. 초고속 피드백 시대가 된 것이다.

사람들은 정보 서비스에 대한 기대치가 매우 높다.

이렇게 사람들이 정보 서비스에 익숙해지고 관심이 많아진 것을 부정적으로만 볼 것이 아니라, 새로운 아이디어를 얻고 비즈니스 모델을 만들어 내는 원천으로 활용해야 한다. 불만이 많은 이용자들로부터 오히려 문제를 개선할 아이디어를 받는 전략이 필요하다.

정보사업은 힘들더라도 아직은 매력적인 분야이다. 불과 10년 사이에 급성장한 구글이나 페이스북을 보면 정보사업은 가능성이 무한해 보인다. 정보 서비스가 중요한 또 다른 이유는 정보 서비스가 자체의 가치뿐 아니라 다른 영역의 생산성을 높여준다는 것이다. 예를 들어 온라인 쇼핑은 쇼핑의 편리함뿐 아니라, 시간 절약, 교통체증 감소, 다양한 상품 판매 등을 가능하게 해준다.

앞으로 정보사업은 더 확대될 것이다.

경쟁 서비스가 계속 등장한다

모든 사업에는 경쟁이 있다. 그러나 IT 분야만큼 경쟁 서비스가 빨리 등장하는 분야는 드물다. 더구나 새로운 서비스는 이전 서비스와 유사한 수준이 아니라 항상 더 개선된 기능을 선보인다.

정보사업은 하드웨어로 구성되는 부분과 소프트웨어 개발 부분 그리고 통신 네트워크 영역이 있으며 이들을 합하여 IT 기술이라고 한다. IT 기술은 하루가 다르게 발전한다.

정보 서비스 이용자들은 조금이라도 불편하거나 뒤쳐진 기능을 참지 못하게 되었고 더 빠르고 편리한 서비스를 찾아서 언제라도 다른 서비스로 옮겨갈 준비가 되어 있다. 더욱이 스마트폰 앱은 즉시 새로운 서비스를 내려받을 수 있을 뿐 아니라 대부분 무료이다.

새로운 정보사업을 기획할 때는 이러한 이용자들을 만족시키기 위해서 높은 수준의 정보 서비스를 기획한다. 그러나 사업이 진행되는 동안에도 더 우수한 경쟁 서비스가 등장하게 된다. 이로 인해 사업을 그만두거나 방향을 크게 수정해야 하는 경우가 자주 발생한다.

이처럼 정보사업을 기획하고 추진하는 것이 점점 어려워지고 부담스러워졌다. 사업결과에 대해 책임을 져야 하기 때문이다.

사업이 종료될 시점에는 더 좋은 다른 서비스가 나올 것을 각오해야 한다.

이렇게 IT 기술의 빠른 발전과 변화하는 이용자 요구에 맞추어 끊임 없이 새로운 서비스가 나타나는 것이 바로 정보 서비스의 특징이라는 것을 이해하고 이에 대비하는 것이 필요하다. 정보사업의 세계는 숨 가쁜 경쟁의 세계이다.

개발 중에 스펙이 수시로 바뀐다

먼저 정보사업과 관련된 관계자들을 소개하겠다. 아래 그림에 발주처, 사업자 그리고 이용자의 관계를 나타냈다.

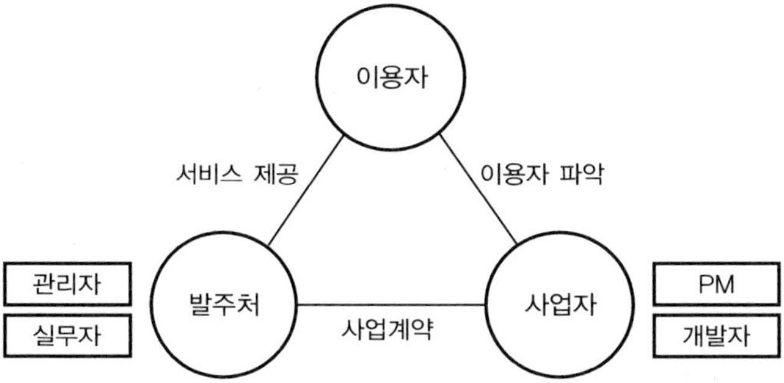

발주처는 사업을 만들고 예산을 집행한다. 발주처는 사업자와 사업계약을 맺고 사업자는 좋은 서비스를 만들기 위해서 이용자를 잘 파악해야 한다. 발주처는 완성된 정보 서비스를 이용자에게 제공한다. 발주처 내부에는 실무 담당자와 관리자가 있으며, 사업자 측에는 사업진행을 책임지는 프로젝트 매니저(PM) 그리고 개발자가 있다.

사업 관계자들 모두 사업이 계약 내용대로 잘 진행되는 것을 기대하나 실제로 정보사업은 계획된 시간 내에 일을 끝내지 못하거나, 기능을 모두 구현하지 못하거나 예산이 추가로 드는 일이 많다. 정보사업은 후반부로 갈수록 문제가 해결되는 것이 아니라 오히려 새로운 문제들이 나타난다. 이럴 때 문제를 해결하기 위해 고급 개발자를 추가로 투입해 보기도 하고, 일의 양을 조절하기도 하지만 잘 해결되지 않는다. 정보사업은 건물이나 다리를 만드는 것보다 소프트해 보이고 쉬울 것 같지만 실제로는 추진하기 어려운 면이 있다.

왜 그럴까? 이의 가장 큰 이유는 정보사업은 진행되면서 개발할 내용 즉 스펙이 바뀌는 일이 많기 때문이다. 최초의 사업계약서 내용대로 개발이 진행되는 경우를 찾아보기가 오히려 어려울 정도이다.

이렇게 스펙이 개발 도중에 바뀔 수 있는 이유는 스펙을 바꾸는 것이 정보사업에서는(건설업이나 제조업과 달리) 어느 정도 쉽게 이루어지기 때문이다. 경우에 따라서는 프로그램을 단 몇 줄만 바꾸어도 원하는 기능이 구현되기도 한다. 이러한 정보사업의 소프트한 특성을 발주처가 잘 알고 있어 스펙 변경을 쉽게 요구하는 일이 자주 벌어진다.

그런데 간단한 스펙 변경이라고 생각한 것이 실제로는 많은 시간을 뺏는 경우가 많다. 예를 들어 발주처에서는 어떤 기능을 바꾸는데 1~2일이면 되지 않겠느냐고 생각하지만 실제로는 몇 주가 걸릴 수도 있다. 미처 생각하지 못한 다른 연관된 기능도 바뀌기 때문이다.

간단해 보이는 기능 변경도 생각보다 오래 걸릴 수 있다.

예를 들어 웹 페이지를 만드는 경우를 생각해 보자. 사업을 맡긴 발주처는 처음부터 어떤 화면에 어떤 기능을 구현할지를 구체적으로 정해줄 수가 없다. 웹 페이지의 주요 기능과 요구사항만 정해줄 수 있을 뿐이다. 즉, 구체적인 화면 구성이나 세부 기능을 모르는 상태에서 사업을 발주한다. 사업이 시작되고 개발자가 만들어 오는 웹 페이지를 보면서 발주처는 비로소 본인이 원하는 것이 무엇인지를 알게 된다. 참고할 다른 사이트를 들어가 보고 새로운 기능을 요구하기도 하고 미처 생각하지 못한 문제점도 알게 된다. 그리고 새로운 아이디어도 떠오른다.

이렇게 중간 결과물을 보고 개발 스펙이 바뀌는 것은 정보사업이 가지고 있는 기본적인 특성이다. 사업을 시작하기 전에는 어떤 기능이 최적일지 미리 모르기 때문이다. 건물을 짓거나 다리를 놓을 때와는 매우 다르다.

정보사업은 개발하면서 스펙이 바꾸는 것이 정상이다.

이처럼 정보사업은 진행되면서 스펙이 변경되는 것을 피할 수 없다는 것을 이해해야 한다. 혹시 발주처에서 스펙이 바뀌지 않도록 사업을 원칙대로만 철저히 관리하면 오히려 창의적이거나 더 나은 결과를 내지 못할 수가 있다. 물론 구현할 내용이 명확하게 미리 정해져 있어 최초의 스펙대로 구현해야 하는 일도 있겠지만 정보사업에서 그런 경우는 드물다.

정보사업에서 개발 중에 스펙이 바뀌는 정도를 적절히 조절하는 것이 바로 정보사업 관리자, 특히 발주처의 중요한 역할이라고 할 수 있다. 스펙 변경을 효과적으로 관리하는 방법은 4장에서 소개하겠다.

중간 점검이 어렵다

중간 보고를 할 때 사업자가 "전체 사업 공정의 60%를 완료했다"라고 말하면 60%가 실제로 얼마나 진척된 것인지는 받아들이는 사람마다 다르다. "시스템 설계가 완료되었다"고 해도 건축 설계도처럼 한눈에 명확하게 보이지 않고 복잡한 블록 다이어그램만 그려져 있기가 쉽다. 이런 블록 다이어그램만 보고 정말 설계가 끝난 것인지 검증하기가 어렵다.

이러한 모호함 때문에 정보사업을 진행하면서 사업 예산, 기간, 결과물의 범위를 가지고 관련자들이 항상 씨름을 한다. 서로의 생각이 다르기 때문이다.

정보사업은 소프트웨어로 구현되는 부분이 많아서 개발이 얼마나 완성되었는지를 눈으로 보고 점검하기가 어렵다. 중간 점검이 잘 안 되다 보니 막판에 가서야 서로 오해를 한 것을 알고 이를 바로잡느라 고생하는 일이 많다.

정보사업은 중간 점검이 어렵다.

정보사업의 진도를 점검하기 위해서 여러 가지 사업 관리 방법론(methodology)들이 소개되어 있지만 좋은 방법론을 도입했다고 해서 중간 점검이 잘되는 것은 아니다. 오히려 방법론에서 요구하는 현란한 중간결과 보고 문서를 작성하느라고 시간만 낭비하기도 한다. 발주처에서 방법론을 너무 중요시하고 이를 충실히 따르게 하면 사업자가 보고용 문서를 잘 만드느라고 정작 핵심이 되는 개발에는 집중을 하지 못한다. 이런 방법론은 피해야 한다.

중간 점검을 잘 해줄 수 있는 최적의 사업 관리 방법론이란 없다. 모든 사업의 여건이 다르듯이 각 사업마다 독특한 관리체계가 필요하다. 적절한 사업 관리 방법은 발주처와 사업자가 주어진 상황에 맞게 협력해서 정해야 하는 것이지 다른 사업에서 검증된 우수한 방법론을 그대로 도입하는 것은 도움이 되지 않는다. 사업 시작 초기에 해야 할 가장 중요한 일이 바로 어떤 방식으로 보고를 하고 중간 점검을 할지를 먼저 정하는 것이다.

단순히 주간 보고, 월간 보고 등을 하면서 전체 일정의 몇 %를 개발했다고 보고하는 것은 별 의미가 없다. 95%를 개발했다고 해도 나머지 5%를 완성하는데 전체 시간의 반을 소비하기도 한다. 형식적인 진도관리 도구나 진도표에 얽매이지 말고 발주처가 명확히 이해할 수 있고 관계자들이 서로 내용을 파악하는데 실제로 도움이 되는 현실적인 방법을 같이 논의하면서 찾는 것이 발주처 관리자가 사업 초기에 정해야 할 중요한 일이다.

이상적인 사업 관리 방법론은 없으며 그 사업에 적합한 방법을 스스로 정해나가야 한다.

사업의 중간과정을 잘 점검하기 위해서는 문서로 된 보고서를 확인하는 것보다 어떤 기능이 "실제로 동작하는 것"을 확인하는 방법이 가장 효과적이다. 즉, 잘 만들어진 보고서를 보려고 하지 말고 서비스의 일부가 동작하는 것을 확인하는 것이 중요하다.

중간 보고서를 보지 말고 서비스가 동작하는 것을 확인해야 한다.

개발자들이 매일 출근하는지를 점검한다든지, 진도 보고를 잘하는 것으로 일이 잘 진행되고 있다고 착각하면 안 된다. 보고 문서가 완벽하면 일이 잘된 것으로 착각하기도 한다. 사업 중간 점검에 대해서는 4장에서 소개하겠다.

정보사업은 예산 삭감이 쉽다

정보사업을 간단히 정의하면 기존의 서비스에 정보 기술(IT)을 접목하여 서비스를 개선하는 사업을 말한다. 예를 들어 오프라인에서 발급하던 주민등록등본을 집에서 출력하는 서비스 등을 말한다.

그런데 새로 도입하려는 정보사업은 지자체나 기관의 책임자가 볼 때 급하지 않은 사업으로 인식하기가 쉽다. 기존에 이미 오프라인으로 업무가 잘 돌아가고 있으며 굳이 새로 정보화된 서비스를 도입하지 않아도 큰 문제가 없다고 생각하기 쉽다.

또한 IT에 대한 투자는 어쩔 수 없이 하게 되는 "비용"이라는 인식도 많다. "아직 시스템이 잘 돌아가고 있는데 왜 컴퓨터를 교체해야 하지?" 또는 "다른 지자체가 추진한다고 해서 투자효과가 명확하지 않는 정보사업에 돈을 쓸 필요는 없다"고 생각하기도 한다.

정보사업은 시급하지 않은 사업이라는 인식이 많다.

따라서 기관에서 예산을 삭감해야 할 때 가장 먼저 생각하는 것이 정보사업 부문이다. 1차 연도에는 사업비를 배정했더라도 활용도가 떨어진다고 판단되면 2차 연도에는 사업비가 축소되거나 없어진다.

정보사업에 대한 잘못된 인식 중 하나는, "나중에 필요하면 정보 시스템은 빠른 시간 내에 구축할 수 있다"고 생각하는 것이다. 예산만 투입하면 정보 시스템은 언제라도 구축된다고 생각하는 것이다. 그러나 정보 서비스는 예산만 있으면 쉽게 구축하거나 도입할 수 있는 사업이 아니다. 정보 서비스는 항상 기존의 고유 업무들과 관련이 있으며 기존 업무와 영역을 조정하고 운영자와 이용자들이 이에 적응하는 시간이 필요하다. 즉, 정보사업은 하드웨어나 소프트웨어를 구축하면 돌아가는 시스템이 아니라, 기관의 기존 업무들과 조율하는 과정이 꼭 필요한 사업이며 이는 단시간에 이루어지지 않는다는 것을 알아야 한다.

정보 서비스는 기존의 고유 업무들과 조율하는 시간이 필요하다.

정보사업은 서비스 자체 범위 외에 타 영역에 주는 파급효과가 크다는 특징이 있다. 예를 들어 가정에서 사용하는 초고속망이 없다고 해서 당장 문제가 생기지는 않는다. 그러나 이제 초고속망이 없으면 학교에서 내준 숙제를 하는 데에도 어려움을 겪는다. 인터넷에 연결되지 않으면 홈쇼핑을 할 수도 없고 모든 경쟁력에서 뒤떨어질 수밖에 없다. 정보 서비스의 영향력은 개인과 기업, 단체, 지차제, 국가 차원에서도 절대적이 되었다. 정보사업은 자체의 가치보다 이 사업을 통해 관련 영역의 경쟁력을 확보한다는 것이 더 큰 의미가 있다.

필요는 하지만 시급해 보이지 않는 정보사업이라고 판단되어 구축을 미루거나 중간에 예산을 삭감하는 것은 마치 자동차가 고장이 나서 멈추어야만 정비소를 찾아 가는 것처럼 위험한 생각이다. 정보사업의 적정한 예산계획에 대해서는 3장에서 소개하겠다.

예상치 못한 운영비가 발생한다

정보사업은 크게 구축 단계와 운영 단계로 나눌 수 있다. 구축 단계에서는 하드웨어나 통신망을 설치하고 서비스에 필요한 소프트웨어 개발 비용이 든다. 운영 단계에서는 시스템 유지보수비, 통신비, 관리자 인건비 등이 발생한다. 어떤 사업은 구축비의 비중이 크지만 어떤 사업은 운영비가 구축비보다 더 많이 든다.

정보사업을 기획할 때에는 우선 사업이 성립되게 하기 위해서 긍정적인 기대효과만을 강조하기가 쉽다. 이 시스템을 구축하면 처리속도가 빨라지거나, 비용이 절감되거나, 이용자의 만족도가 올라간다고 기대한다. 그런데 정보 시스템을 운영하려면 위에 열거한 운영 비용 외에도 소프트웨어 업그레이드비, 콘텐츠 구축비 등이 발생한다. 만일 서비스 운영을 외부 업체에 맡긴다면 위탁운영비도 발생한다.

정보사업 추진에서 종종 문제가 되는 것은 전체 사업비 규모를 줄이기 위해서 운영비를 너무 적게 예상하는 것이다. 어떤 경우는 아예 운영비를 고려하지 않는 경우도 있다. 그러나 실제로 정보 시스템은 운영비가 필수적이며 운영주체와 운영방법 등이 정해져 있지 않으면 제대로 추진되지 않는다.

문제는 이러한 운영비가 대부분 처음 생각한 것보다 많다는데 있다. 시스템을 운영하다보면 더 나은 서비스를 제공하기 위해서 기능을 보완하는 일이 꼭 발생한다. 일이 끝나고 운영을 시작해봐야만 고객의 불만이 무엇인지를 비로소 파악하게 되고 개선할 것이 드러나기 때문이다. 즉, 처음에 예상한 것보다 많은 운영비가 들게 된다. 그런데 실무자 입장에서는 이렇게 예상치 않은 운영비를 관리자에게 설득시키는 것이 힘들다.

실제 운영을 해보면 예상한 것보다 많은 운영비가 필요하다.

운영비는 사업을 주관하는 부서에게는 큰 부담이 된다. 정보사업을 하고 나면 업무가 자동화하여 전체 운영비가 절감될 것으로 기대했던 것에 비해 뜻밖에 발생하는 운영비는 부담이 된다. 이러한 문제를 피하려면 운영비는 사업계획에서부터 분명히 명시하고 후속사업에도 이를 반영해야 한다.

간혹 지속적인 운영비 조달을 위해서 무리한 수익 모델을 사업자에게 요구하기도 하는데, 사업 성격에 맞지 않는 수익 모델을 도입하면 부작용이 생길 수 있다. 특히 최근에는 정보 서비스는 무료라는 인식이 점차 확산되고 있으므로 새로운 정보사업이 자체적으로 수익 모델을 만들어 내는 것은 매우 어렵다. 더욱이 공공에서 추진하는 사업은 수익 모델을 찾기가 힘들다. 3장에서 수익 모델과 비즈니스 모델에 대해서 설명하겠다.

수익 모델로 운영비를 충당하기는 쉽지 않다.

공공 정보사업의 어려움

정부부처, 지자체, 공공단체 등에서 이루어지는 정보사업은 민간 영역의 사업보다 관리가 어렵다. 민간 영역은 기본적으로 수익창출이라는 기업의 목표가 분명하므로 사업 관리를 효율적으로 최적화해 나간다. 필요하면 예산을 긴급 투입하기도 하고, 개발을 중간에 포기하기도 한다. 그러나 공공 정보사업에서는 이러한 결정이 어렵다. 물론 민간 정보사업도 사업 방향을 잘못 정하여 소비자에게 외면받는 무용지물인 서비스가 나오기도 한다. 그래도 민간 영역은 공공사업에 비해서 사업 관리에 융통성이 있어 사업 효과를 점검하고 이에 효율적으로 대처한다.

공공사업의 목적은 민간 영역과 달리 수익창출이 목적이 아니며 주민의 편익을 높이거나, 사회 안전망을 제공하거나, 약자를 보호하는 사업이 많다. 공공사업은 수익과 같은 수치화된 성과지표를 기준으로 하지 않기 때문에 사업 관리의 기준이 모호해지기가 쉽다. 같은 예산으로 더 많은 기능을 제공하려다 보면 자칫 기능이 방만해지기가 쉽다.

공공 정보사업은 민간 사업보다 효율적인 관리가 어렵다.

또한 공공사업은 사업 후 감사에도 대비해야 하므로 사업 관리

기준이 감사대비용으로 되기가 쉽다. 감사에 문제가 되지 않게 하려면 회계 규정에 맞게 추진해야 하고, 결과가 제안서대로 구현되도록 사업을 추진해야 한다. 그런데 이렇게 계획서대로만 안전하게 사업을 추진하면 이용자로부터 신선한 서비스가 아니라는 평가를 받을 가능성이 높다. 왜냐하면 계획서란 사업을 시작하기 수개월 전에 만들어진 것이며 정보사업은 사업을 진행하면서 기능을 계속 보완해야 하기 때문이다.

감사에 대비한다는 것이 부정적인 면만 있는 것은 아니다. 감사는 사업이 공정하게 수행되었는지 그리고 주민 편익증대라는 목적을 달성했는지를 점검하는 최소한의 가이드라인 역할을 하고 있다. 그런데 문제가 되는 것은 감사 자체가 아니라 감사를 이유로 중요하거나 힘든 일을 피하는 경우이다. 하고 싶지 않은 일을 피할 때 감사대비는 좋은 핑계가 될 수 있다.

최근 스마트폰과 소셜네트워크의 확산으로 이용자의 정보 서비스에 대한 기대 수준이 급격하게 높아졌고, 민간 서비스도 이에 맞추어 다양하게 변하고 있다. 이러한 환경에서 공공 정보 서비스도 이용자의 기대수준에 맞추어야 하여 민간 영역과 서비스의 품질에서 경쟁해야 한다.

공공사업도 서비스 만족에 대해서는 민간사업과 경쟁해야 한다.

공공사업은 수익을 내지 않아도 된다는 점을 활용하여 민간영역이 제공하지 못하는 차별화된 서비스를 제공해야 한다. 즉, 수익과 관계없이 주민이 필요로 하는 서비스를 제공할 수 있다. 그러기 위해서는 이용자에게 사업에 대해 미리 묻는 절차가 필요한데 실제로 공공 서비스는 독단적으로 이루어지는 경우가 많다. 정보사업의 효과적인 기획에 대해서는 3장에서 설명하겠다.

IT 기술이 발달하면서 디지털 격차도 점점 크게 벌어지고 있다. 이제 디지털 접근성이 떨어지면 소외계층은 모든 활동에서 제한을 받게 되면 마치 전기를 공급받지 못하는 것과 같이 치명적이 된다. 공공사업은 디지털 격차를 줄이는데 앞으로 더 많은 노력을 기울여야 한다. 전기와 통신이 공공재의 역할을 하듯이 정보 서비스 이용에 있어서도 접근성 격차를 줄이는 사업을 공공에서 담당해야 한다.

2. IT 트렌드 변화

스마트폰과 앱의 등장으로 이용자는 점점 더 스마트해지고 있다. 공짜로 제공되는 앱도 상당히 우수한 서비스를 제공하고 있고 예전 같으면 공공 영역에서 많은 개발비가 투입되었을 버스 노선 안내와 같은 복잡한 정보 서비스들도 무료 앱으로 제공되고 있다.

정보사업을 효과적으로 추진하려면 우선 정보 서비스의 트렌드 변화를 명확하게 이해해야 한다. 2장에서는 IT 기술의 발달로 나타난 대표적인 트렌드 중에 프리코노믹스, 소셜미디어, 클라우드, 빅데이터에 대해 소개하겠다.

스마트 서비스 시대

우리나라에 2009년에 스마트폰이 본격적으로 소개된 이후 2012년에 2,500만대 이상이 스마트폰이 보급되었다. 스마트폰의 확산으로 IT 서비스는 새로운 전환점을 맞게 되었다. 스마트폰은 인터넷 서비스를 핸드폰에 집어넣음으로써 "언제 어디서나 인터넷 서비스"를 가능하게 하였고 모바일 뱅킹, 메일, 문서편집, 영화보기, 내비게이터, 위치기반 할인 쿠폰 발행 등 다양한 서비스가 계속 소개되고 있다. 특히 핸드폰을 사용하면 본인 인증이 자동으로 이루어지므로 전자결재가 더 간단히 이루어지게 되었다.

이러한 스마트폰 앱의 등장으로 많은 서비스가 사라졌는데, 스마트폰에서 동작하는 내비게이터로 인해 자동차 전용 내비게이터 시장이 급속히 줄고 있다. 스마트폰 내비게이터의 장점은 자동차에서만 사용할 수 있는 것이 아니라 손에 들고 다닐 수 있어 걸으면서 길을 찾을 때에도 유용하다. 또한 양방향 통신이 자유로워서 실시간 교통 정보나 실시간 주변 정보를 활용하기가 편리하다. 자동차 전용 내비게이터는 양방향 통신에서 제한을 받으므로 궁극적으로 스마트폰용 내비게이터에 비해 경쟁력이 떨어질 수밖에 없다. 스마트폰에 전자사전이 들어감으로써 기존 전자사전 시장도 사라질 위기이며 디지털 카메라 시장도 줄고 있다.

스마트폰 앱의 가장 큰 특징은 이용료가 대부분 무료이거나 매우 저렴하다는 것이다. 이용자는 더 편리해진 정보 서비스를 무료로 사용할 수 있게 되었으며 이러한 기대 수준이 과거로 되돌아 갈 수는 없다. 내 손안에서 바로 이용할 수 있으면서 공짜로 제공되는 것보다 더 싸고 편리한 것은 없기 때문이다.

내 손안의 공짜 서비스가 정보 서비스의 기준이 되었다.

스마트 서비스의 미래는 단순히 정보를 찾아주는 서비스가 아니라 자신이 원하는 서비스를 바로 이용할 수 있도록 해주는 서비스가 될 것이다. 즉, 점점 더 이용자의 입맛에 맞는 가공된 정보 서비스가 나타날 것이다. 사람들은 음식점이 어디 있는지 찾아주는 것만이 아니라 어느 음식점의 어떤 음식이 지금 나에게 추천할 만한지를 구체적으로 알려주고 내가 원하면 자동으로 예약도 해주기를 바랄 것이다.

향후에는 주인을 대신해서 좋은 책도 추천하고 원 클릭으로 책을 구매하고 영화도 예매해 주는 소프트웨어 비서가 널리 사용될 것이다. 이용자만 스마트해지는 것이 아니라 이제는 누가 더 똑똑한 소프트웨어 비서를 두었는지가 비교되는 세상이 올 것이다.

미래는 스마트한 소프트웨어 비서 시대가 될 것.

소셜네트워크 서비스의 확산으로 이제 개인 미디어 시대가 되었으며 스마트폰으로 촉발된 스마트 서비스가 미래 정보 서비스의 중심 역할을 하게 되었다.

앞으로 정보사업을 추진할 때는 점차 스마트해지고 동시에 점점 까다로워지는 이용자를 상대한다는 것을 잊지 말아야 한다.

정보 서비스는 점차 까다로워지는 고객을 상대해야 한다.

프리코노믹스 시대

인터넷의 보급과 디지털 기술의 발달로 우리는 프리코노믹스(free economics) 시대로 접어들었다. 우선 인터넷을 통한 메모리 공간이 무료로 수십 G바이트가 제공된다. 적은 연회비를 내면 훨씬 많은 메모리를 더 사용할 수 있다.

메모리에 이어 많은 소프트웨어도 공짜로 사용할 수 있다. 문서편집기, 음성 및 동영상 편집기, 검색엔진, 웹 페이지 제작, 블로그 제작 등을 모두 무료로 사용할 수 있다.

하드웨어나 소프트웨어뿐 아니라 대부분의 콘텐츠도 공짜이다. 각종 웹 사이트가 제공하는 정보들과 검색 서비스가 모두 무료이다. 세계 최대의 온라인 백과사전인 위키피디아도 공짜이고 영화와 같은 고부가 콘텐츠도 대부분 공짜로 본다. 이제 사람들은 웬만한 디지털 정보에는 돈을 지불하지 않는다.

디지털 정보는 이제 대부분 공짜로 제공된다.

이렇게 공짜 디지털 경제 즉, 프리코노믹스가 자리를 잡은 가장 큰 이유는 IT 기술의 발전뿐 아니라, 치열한 광고 시장에서 사람들의 관심을 끌 수 있는 가장 매력적인 전략이 바로 "공짜"이기 때문이다. 마케팅 전략에서는 우선 공짜 서비스를 제공하여 이용자의 관심을 끄는 대신 다른 상품을 팔거나 고객 정보를 얻어가는 전략이 현재 가장 효과를 보고 있다.

구글, 페이스북, 아마존 등은 모두 공짜로 제보 서비스를 제공하지만 세계 최고의 자산을 보유하고 있다. 프리코노믹스는 이제 단순한 기교나 일시적으로 지나가는 현상이 아닌 정보 서비스의 중심 트렌드로 자리를 잡았다.

이렇게 하드웨어, 소프트웨어, 콘텐츠, 서비스까지 공짜 서비스가 범람하면 정보 서비스 사업자들은 어떻게 수익을 낼 수 있을까? 사업자들은 정보 서비스 자체로 돈을 버는 것이 아니라 프리코노믹스 뒤에 숨어 있는 더 큰 새로운 비즈니스 모델을 끊임없이 찾고 있다.

예를 들어 검색 서비스를 공짜로 제공하는 대신에 어떤 사람들이 어느 시간대에 어떤 키워드를 주로 검색하는지의 정보를 수집할 수 있으며 이것은 매우 가치 있는 정보가 된다. 이러한 검색어 동향은 마케팅 정보로 활용되고 비싼 가격에 다른 회사에 판매된다.

검색 사이트 외에도 각종 웹 사이트는 유용한 정보를 무료로 제공하는 대신 많은 사람들이 그 사이트에 접속하게 함으로써 다른 내용을 홍보하기도 하고 광고를 유치하기도 한다. 이용자들은 무료로 정보를 이용하는 대신 자신의 시간과 관심이라는 가치를 제공하는 것이며 이것이 프리코노믹스의 새로운 핵심 재화로 자리 잡은 것이다.

정보는 공짜지만 그 대신 이용자는 시간과 관심을 투자해야 한다.

어린이 블록 장난감을 만드는 레고사에서는 마인드스톰(Mind Storm) 공모전을 통해서 전 세계 어른들로부터 새로운 레고 장난감 모델에 대한 아이디어를 얻고 있다. 사람들은 재미와 공모전 당첨이라는 작은 성과를 위해서 엄청난 시간과 에너지를 새로운 모델 개발 활동에 공짜로 기여하고 있는 것이다.

예전엔 모든 가정의 필수품이었던 백과사전은 이제 거의 찾아보기가 어렵다. 세계 최고 권위의 대영 백과사전도 이제 무료로 제공되는 인터넷 백과사전인 위키피디아의 등장 때문에 사라졌다.

기존의 책으로 된 백과사전을 만들던 시장에서는 사람들이 좋은 정보를 얻기 위해서 수십만 원대의 책을 구매했어야 하나 이제 사람들은 무료로 정보를 얻는 혜택을 받고 시간도 절약하게 되었다. 과거에 한 회사가 올리던 수익이 여러 사람들에게 골고루 다른 형태의 혜택으로 나누어져 돌아온 것이다. 이렇게 온라인 백과사전을 만드는데 사람들이 무료로 참여하고 있으며 이러한 참여와 공유의 철학이 프리코노믹스를 만드는 원동력이 되었다.

프리코노믹스에서는 경제적 이득이 다른 형태로 나타난다.

앞으로 공공 정보사업은 이러한 공짜 서비스들과 어떻게 차별화해야 할지를 생각해야 한다. 시내버스 시각 정보 등 많은 공공 정보 서비스가 앱을 통해 무료로 제공되고 있는데 공공기관에서 많은 예산을 들여 유사한 서비스를 개발할 필요가 있을지를 검토해야 한다.

앞으로는 정보사업 방향을 설정할 때 반드시 프리코노믹스 문화를 고려해야 한다. 사람들은 서비스가 공짜라고 해도 그 품질을 의심하지 않는다. 그리고 재미가 있다면 무료로 참여하기를 즐긴다. 예전과 달리 단지 기능이 더 개선되었다는 것만으로 이용자의 관심을 끌던 시대는 지나갔다.

새로운 정보 서비스는 공짜 서비스와 경쟁해야 한다.

기술에는 돈을 지불하지 않는다

프리코노믹스 시대의 특징 중 하나는 소비자들이 기술이 좋다고 돈을 지불하는 것이 아니라는 것이다. TV를 구매하는 것은 드라마, 뉴스, IPTV 등을 볼 수 있기 때문이지 TV를 만들 때 우수한 기술을 사용했기 때문이 아니다. 소비자는 서비스에만 돈을 지불한다.

소니사에서 최고 기술을 사용하여 세계 최고의 e북을 만들었지만 사업에는 실패했다. 반면에 유사한 기술을 사용한 아마존의 킨들 e북은 큰 성공을 거두었다. 이 성공과 실패에 여러 요인이 작용했지만, 그 중 하나가 전자책을 내려받는 방식이었다. 아마존에서는 소니와 달리 무선 LAN이나 3G망을 통해서 소비자가 구매한 책을 즉시 내려받을 수 있게 했다. 그러려면 통신 비용이 발생하는데 아마존에서는 통신 비용을 회사가 대신 지불하였다. 사실 통신 비용은 비싸게 책정된 책 값에 이미 포함된 것이지만, 소비자는 통신비가 공짜라고 생각을 했고, 구매 즉시 책을 받아 볼 수 있는 편리한 서비스에만 주목한 것이다.

소비자에게는 자신이 어떤 서비스를 받는지만 중요하다.

앞으로 이러한 통신 내장 서비스(Communication Embeded Service)에 많은 관심을 가져야 할 것이다. 왜냐하면 정보사업에서 정보 시스템 구축 후 서비스 운영 시에 발생하는 비용 중에 통신 비용이 차지하는 부분이 크기 때문이다. 통신사업자들은 직접적인 통신 요금에서만 수익을 내려고 할 것이 아니라 통신기능이 내장된 서비스를 발굴해야 한다. 아마존의 e북은 통신 서비스를 효과적으로 활용하여 성공한 사례이다.

과거에는 새로운 정보기술이 산업과 서비스를 주도했다. 전화기, TV, PC, 인터넷, 핸드폰 등 모두 새로 소개된 기술이 새로운 서비스를 창출했다. 그러나 이제 기술만으로는 부족하다. 미래에는 매력적인 서비스만이 이용자의 관심을 끌며 기술은 이 매력적인 서비스를 구현할 뿐이다.

소셜 미디어 시대

최근 블로그, 트위터, 페이스북을 중심으로 한 소셜네트워크 서비스(Social Network Service: SNS)가 급속히 확산되고 있다. SNS는 비슷한 취향의 사람들이 온라인상에서 휴먼 네트워킹을 형성하고 정보를 교류하는 서비스이다. SNS가 주목받는 이유는 SNS 파급효과가 크기 때문이다.

위의 세 가지 대표적인 SNS는 속성이 조금씩 다르다. 블로그는 개인 일기장 같은 성격으로 자신의 생각이나 사진 등을 게시하는 형태이다. 트위터는 짧은 문장을 실시간으로 친구들에게 전달하는 빠른 소통 수단이다. 친구들은 받은 메시지(tweet)을 자신의 다른 친구들에게 바로 재전송(retweet)함으로써 최초의 메시지가 수많은 사람들에게 급속히 전파된다는 것이 트위터의 특징이다. 이에 비해 페이스북은 기능이 다양해진 블로그처럼 동작하며 자신의 생각, 사진, 동영상을 친구들과 공유하기에 적합하다.

SNS의 영향력이 큰 이유는 PC가 아닌 스마트폰에서 이들을 편리하게 이용할 수 있고 따라서 실시간인 소통을 할 수 있기 때문이다.

SNS는 스마트폰의 보급과 더불어 그 영향력이 급증했다.

사람들이 SNS를 좋아하는 또 다른 이유는 사람들은 근본적으로 사회적인 동물이기 때문이다. 사람은 누군가와 이야기를 나누고 싶어 한다. 사람들은 언제든지 타인과 연결이 될 수 있고 내 생각을 들어줄 사람이 있다는 것만으로도 큰 위안을 받는다. 고민이 생기거나 즐거운 일이 생기면 이를 온라인의 친구들과 즉시 공감할 수 있는 것이다.

SNS로 인해 좀 느슨한 관계의 사람들에게서 도움을 받을 수 있는 기회가 많아졌는데 예를 들면 수십 년간 보지 못했던 동창, 잘 알지는 못하지만 같은 직장에 다니는 사람, 같은 고향 사람 등 조금 먼 관계지만 SNS로 연결된 사람들이 서로 도울 수 있게 되었다.

SNS로 인해 서로 도울 수 있는 사람의 폭이 넓어졌다.

트위터가 위력을 갖는 이유는 다른 사람들의 반응을 즉시 볼 수 있다는 것이다. 자신이 보낸 메시지가 널리 퍼지고 즉시 피드백을 받아 보는 것에서 사람들은 큰 힘을 얻게 된다. 이제 정치인들이 얼마나 일을 잘하고 있는지에 대한 평가도 즉시 나오게 되었다. 트위터는 특히 연예인이나 정치인처럼 본인을 널리 알려야 하는 사람에게는 최상의 도구이다. 어떤 사안에 대해서 전에는 의견이나 불만사항을 웹에 올렸지만 지금은 트위터에 바로 올린다.

SNS에서는 정보의 정확성만 중요한 것이 아니다. 비록 틀린 정보라도 정보 교류에서 생기는 감성적 반응이 더 큰 힘을 발휘한다. 부정확하고 무책임한 정보사용은 분명 문제가 있지만 이를 성토만 할 것이 아니라 대중이 어디로 가고 싶어 하는지를 알아야 한다. SNS 시대의 정보사업에서는 기술 자체가 아니라 사람들이 호응하는 방향을 이해하는 것이 필요하다. 비록 자신이 트위터를 사용하지 않더라도.

트위터에서는 정확한 정보보다 빠른 감성 교류가 더 중요시된다.

SNS의 영향력이 커졌지만 모든 사람들이 SNS를 즐기는 것은 아니다. 오히려 SNS의 부작용도 나타나고 있다. 온라인상의 친구가 너무 많아진 것이다. 사람들은 동시에 약 150명 정도의 사람들만 가깝게 지낼 수 있다는 이론이 있다. 비록 온라인상으로는 친구를 얼마든지 만들 수 있다고 해도 수백 명의 친구들로부터 오는 메시지를 파악하기가 어렵다. 친구가 너무 많은 것은 오히려 가까운 친구가 줄어드는 현상으로 나타나기도 한다. 온라인상에서는 특정인과 특별히 가깝게 지내는 것이 다른 사람에게는 불편하게 보이기도 한다. 역설적으로 SNS으로 인해서 사람들이 직접 만나서 대화하는 시간이 줄어들고 공감과 사회성이 오히려 떨어지는 현상도 우려하고 있다.

소셜네트워크가 원래의 기능인 사회성을 늘리는데 분명 기여했지만 반면에 자기의 주장만 펼치는 자기 중심의 공간으로 발전하는 문제도 있다. 정보 서비스에서는 순기능과 역기능이 항상 같이 존재한다.

쿠팡, 위메프, 그루폰 등 소셜 커머스가 확산되고 있지만 이 또한 장점만 있는 것은 아니다. 할인된 가격에 음식을 먹는 것은 좋으나 할인이 되지 않을 때는 제 값을 주고 먹기가 아깝게 느껴지기 때문이다. 또한 할인 손님이 붐비면 제 값을 다 내는 일반 손님들은 억울하게 느끼게 된다. 소셜 커머스를 통한 할인은 소비자에게는 유익한 경험이 되겠지만 할인을 하는 상점 특히 음식점의 경우는 신중히 선택해야 한다.

소셜네트워크가 장점만 있는 것은 아니다.

소셜 미디어의 가치는 개인의 창의적인 생각을 공유하기가 쉬워졌다는 것이다. 누구나 자신의 생각을 즉시 표현하고 자랑할 수 있는 공간이 생기고 이를 큰 고민 없이 쏟아냄으로써 그중에 반짝이는 아이디어나 통찰력이 나타날 수 있다. 그러나 수많은 데이터에서 유용한 정보를 얻는 것은 새로운 도전이 되고 있으며 최근 빅데이터 분석이 이러한 용도로 주목받기 시작하였다.

클라우드 시대

앞으로 클라우드(cloud) 서비스 시대가 될 것이다. 클라우드 서비스란 여러 정보 서비스 기능을 대용량으로 한 곳에 구름처럼 모아두고 이용자가 필요한 만큼만 서비스를 이용하게 하는 것이다. 예를 들어 개인에게 수십 G바이트의 메모리 공간을 제공하는 클라우드 서비스가 있는데, 이용자는 그 메모리가 어디에 있는지 어떻게 동작하는지를 전혀 알 필요가 없다. 클라우드 서비스는 메모리뿐 아니라 컴퓨터의 계산 능력도 제공하며 응용 소프트웨어를 빌려 주는 서비스도 있다.

클라우드 서비스 제공 사업자는 이렇게 메모리, 컴퓨터, 응용 소프트웨어를 다량으로 보유하고 있으면서 이용자가 실제로 사용한 양에 따라 요금을 받는다. 물론 고객을 유인하기 위해서 적은 양의 자원은 공짜로 제공하기도 한다.

클라우드 서비스가 인기를 끄는 이유는 이용이 편리하면서 가격도 싸기 때문이다. 가격이 싼 이유는 대용량의 자원을 미리 확보해 두었기 때문이다. 마치 대형 슈퍼마켓이 소상공인보다 유리한 것처럼 클라우드 서비스는 기존의 개별 정보 서비스보다 경쟁에서 유리하다.

여기서 주목할 것은 클라우드 서비스의 확산으로 인해서 하드웨어나 소프트웨어 등 정보 기술 이용료는 점차 저렴해진다는 것이다. 따라서 정보사업에서 전용 하드웨어나 소프트웨어를 새로 구매하는 것보다 클라우드 서비스를 이용하는 것이 더 유리한지를 고려해야 한다. 클라우드 서비스는 유지보수 비용이 적게 든다는 장점도 있다.

클라우드 서비스로 IT 이용 비용이 더 저렴해 질 것이다.

최근 공공 서비스에서는 보안상의 이유로 클라우드 이용을 제한하고 있지만 이러한 문제는 다른 방법으로 해결될 것으로 예상된다. 예를 들면 상용 클라우드의 위험성을 피하기 위해서 공용 클라우드 서비스가 나올 수도 있다. 또는 상용 클라우드 서비스가 오히려 더 안정적으로 운영된다고 인정을 받을 수도 있다.

빅데이터 시대

최근 빅데이터(Big Data)라는 말이 널리 사용되고 있다. 각종 웹 사이트, SNS, 통신사, 검색서버, 포털, 신용카드회사, 유튜브, CCTV, 센서망, P2P 서비스를 통해서 엄청난 양의 디지털 정보가 쌓이고 있는데 이러한 빅데이터를 잘 분석하여 전에는 찾지 못했던 유용한 지식을 추출하는 것을 빅데이터 분석이라고 한다. 이외에도 교통카드 이용, 홈쇼핑, 핸드폰 위치 정보, 차량 운행 정보, 웹 사이트 방문 등 사람들의 활동과 관련된 정보가 어디엔가 쌓이고 있으며 이를 활용하는 서비스도 다양해 질 것이다.

빅데이터 분석의 활용 예는 다양하다. 소비자의 과거 수년간의 상품 구매 패턴을 보고 다음 달에는 어떤 제품이 많이 팔릴지를 예측한다든지, 신용카드 거래 이력을 보고 어떤 이용자가 신용불량자가 될 확률이 높은지를 알아낸다든지, 보험회사의 기록을 보고 악의적인 보험청구 내역을 구분해 내는 등 데이터 분석은 사실 오래전부터 해오던 일이다.

그런데 최근 빅데이터라는 새로운 용어에 관심이 많아진 이유는 이러한 데이터 분석에 보다 다양한 정보를 이용하겠다는 것이다. 블로그나 트위터 메시지와 같은 소셜 미디어도 같이 분석하여 이용자의 동향을 더 정확히 파악하고, 홈페이지에 올린 댓글을 보고 긍정적인 의견인지 부정적인 의견인지를 파악한다든지, 상품의 이동경로를 RFID 신호를 보고 추적한다든지, 전에는 수용하지 못했던 다양한 정보를 함께 분석하려는 것이다. 또한 예전에는 한 번에 처리하기가 어려웠던 대용량 데이터를 여러 대의 저렴한 PC에 나누어 처리하는 분산처리 기술이 보편화되면서 이제 현실적인 빅데이터 분석이 가능하게 된 것이다.

빅데이터 분석이 기존의 데이터 분석과 다른 점은 다양한 소스의 데이터를 종합하여 분석하겠다는 것, 그리고 대용량의 데이터를 처리하겠다는 것이다.

빅데이터 분석의 핵심은 다양한 종류의 데이터를 종합하여 분석하려는 것이다.

빅데이터 분석은 기업의 마케팅 활용뿐 아니라 국방, 교통, 국민건강, 방범 등 공공 분야에서도 큰 관심을 끌고 있다. 건강의 경우, 주민의 과거의 병원 방문과 치료 경력을 보고 다음에 아플 것 같은 환자를 미리 찾아내는 알고리즘도 연구하고 있다. 이렇게 환자를 미리 찾아냄으로써 병이 악화된 후에 환자가 병원을 오지 않게 하는 것이 국가적으로 비용을 더 절약할 수 있다는 것이다. 또는 도시 내의 강도, 폭력 등 사고 발생 데이터를 분석해서 우범지역을 효율적으로 관리하는 프로젝트도 진행 중이다.

빅데이터 활용은 단순히 많은 데이터를 가지고 있다고 저절로 이루어지는 것은 아니다. 빅데이터 분석은 어떤 응용 분야에서 어떤 결과를 얻으려면 어떤 데이터를 모으고 어떤 알고리즘을 적용해야 하는지를 알아내는 종합적인 능력을 필요로 한다. 이는 소수의 전문가로 해결하기는 어렵고, 건강, 교통, 방범, 마케팅 등 각 응용 분야의 전문가와 데이터 분석 전문가가 협동으로 일해야 한다.

빅데이터 분석에는 데이터 분석 전문가와 해당 응용 분야 전문가가 같이 일을 해야 한다.

빅데이터 분석 전문가를 데이터 사이언티스트라고 부르며 향후 인기 직종으로 꼽히기도 하는데, 유능한 데이터 사이언티스트가 갖추어야 할 능력의 폭이 넓다. 소프트웨어 프로그래밍, 통계적 분석 능력이 필요하며 문제를 분석하는 능력 그리고 응용 분야의 최소한의 지식도 가지고 있어야 한다.

하드웨어 중심의 시대에서는 서버, PC, 통신망, 단말기 등 잘 만든 하드웨어가 핵심 가치를 창출했다. 정보 시대가 성숙하면서 하드웨어보다 소프트웨어가 더 높은 부가가치를 창출했으며 검색 알고리즘, 서비스 운영 소프트웨어 등이 중요하였다. 미래에는 데이터로부터 가치 있는 정보를 얻어내는 데에서 경쟁력을 갖는 데이터웨어(Dataware) 중심 시대가 될 것이다.

미래 정보 서비스에서는 하드웨어, 소프트웨어에 이어 데이터웨어가 중요한 역할을 할 것.

변하는 것과 변하지 않는 것

우리가 미래 예측에 관심이 많은 이유는 미래에 필요한 서비스를 미리 알아내기 위해서이다. 미래 기술과 사회의 트렌드 분석에 실패하면 이용자로부터 호응을 얻지 못하는 사업을 추진하게 된다. 앞에서는 새로운 정보 서비스를 기획하는데 참고하기 위해서 프리코노믹스 등 IT 분야의 핵심 트렌드를 소개하였다.

그런데 정보 서비스는 계속 새로운 것이 소개되므로 이를 미리 예측하기란 매우 어렵다. 지금도 어느 벤처기업에서 페이스북이나 구글을 능가하는 기술이나 서비스를 개발하고 있을지도 모른다. 세부적인 IT 기술이나 서비스의 예측은 어렵더라도, 미래 변화의 큰 방향을 잘 파악하는 것은 중요하며 이를 위해서는 시간이 지나면 변하는 것과 시간이 지나도 변하지 않는 것을 구분하는 능력이 필요하다.

변하는 영역이란 미래에는 어떤 방향으로든 발전할 영역을 말한다. 변하는 영역을 찾는 간단한 기준은 우리가 현재 이용하는 서비스 중에 더 편리해지기를 원하는 영역을 찾으면 된다. 사람들이 분명 원하는 서비스인데 아직 해결할 기술이 나오지 않았다면 이는 언젠가 그것을 해결하는 기술이 나오게 되고 이에 따라 새로운 서비스가 등장하는 영역을 말한다.

예를 들어, 다른 자동차나 사람과의 충돌을 자동으로 예방하는 자동차는? 언젠가 나올 것이다. 이는 모두 원하고 기술적으로도 가능하기 때문이다. 내가 보면 좋을 영화를 즉시 찾아주고 예약도 해주는 서비스는? 언젠가 나올 것이다. 안될 이유가 없기 때문이다. 내가 원하는 가격과 환경을 가진 집을 찾아주는 일은? 물론 가능하다. 아마 집주인의 성격도 나에게 맞추어줄 수 있을 것이다. 내 성격에 잘 맞는 의사를 찾는 일도 언젠가 가능할 것이다.

변하는 영역이란 시간이 지나면 해결되는 영역이다.

인터넷의 발달로 이제 단순한 정보나 지식의 습득은 매우 쉬워졌다. 미래에는 사람들이 지식을 공유하고 이를 통해서 새로운 비즈니스를 만드는 것이 중요해질 것이다. 예를 들어 은퇴한 전문가의 지식은 큰 가치를 지닌 자산이므로 이를 활용하는 플랫폼이 새로운 비즈니스 모델이 될 것이다. 회사가 당면한 문제를 공개적으로 제시하고 이의 해답을 찾는 공모 사이트들이 이미 운영되고 있다.

지금도 통신망의 속도가 충분히 빠르지만 미래에는 더 빠른 통신 서비스를 원할 것이다. 그 이유는 사람들이 현재에 만족하지 못하고 점점 더 고화질의 비디오를 선호할 것이며 게임, 가상현실, 시뮬레이션 등에서도 실시간 반응을 원할 것이기 때문이다. 전자상거래의 안전하고 빠른 승인을 위해서도 실시간 통신이 필요하다. 따라서 지금보다 더 빠른 통신망이 필요한 것은 변하는 영역에 해당한다.

사람 대신 자료를 검색하고, 분석하며 필요한 작업까지 해주는 소프트웨어 로봇이 나타날 것이다. 주인 대신 은행 입금도 처리해 주고, 간단한 숙제도 하고, 책주문도 하는 비서와 같은 서비스가 소개될 것이다. 사람들은 이런 편리한 서비스를 원하기 때문이다.

변하는 영역은 사람들이 원하지만 지금 기술적으로 해결을 못하는 부분이며 이를 해결하는 서비스에 비즈니스 기회가 있다. 그러나 이렇게 변하는 영역과 관련한 사업을 기획할 때 주의할 것은 변하는 영역의 그 이전의 서비스들은 사라진다는 것이다. 스마트폰의 등장은 전자사전, 내비게이터, 디카 등의 사업이 어려워질 것을 예고한 것이다.

변하는 영역은 언젠가 누군가에 의해 서비스가 개선되는 영역이며 그 이전의 사업은 사라진다.

그러나 변하는 영역을 찾는 것과 함께 변하지 않는 영역을 이해하는 것도 매우 중요하다. 변하지 않는 영역이란 사람의 본성에 관련된 부분 또는 사람들이 근본적으로 원하지 않는 영역을 말한다. 예를 들어 사람은 하루 세끼의 식사를 한다. 혹시 다이어트에도 아주 좋고 건강해지는 방법이 있는데 하루에 네 번 식사를 해야 한다면 이는 성공하기 어려운 모델이다. 혼자 밥 먹는 것은 오래 지속하기 어렵기 때문이다.

많은 경우에 변하지 않는 영역을 새로운 분야로 잘못 파악하고 기획하는 수가 있다. 그러나 이러한 서비스를 지원하는 아무리 좋은 기술이 나오더라도 그 서비스는 성공하지 못한다.

정보 서비스에서도 변하지 않는 영역이 있다. 통신은 편리하게 남들과 연결해주는 서비스이지만 동시에 남들과 일정한 거리를 유지하게 해주는 이점도 있다. 전화가 좋은 이유는 멀리서도 통신을 한다는 장점도 있지만 굳이 상대방을 직접 만나지 않아도 된다는 이유도 있는 것이다. 이것이 화상전화가 널리 사용되지 않는 이유이다. 화상전화 기술이 충분히 발달했어도, 꼭 필요한 상황이 아니면 화상전화를 쓰지 않는 이유는 상대방이 너무 가까이 다가오는 것을 사람들은 싫어하기 때문이다.

정보 기술이 건강산업과 잘 연결되지 않는 것도 같은 이유이다. 많은 관심을 끌었던 u헬스 사업이 예상보다 커지지 못하는 데에는 맥박수, 혈압, 사진 등의 건강 정보를 의사의 도움 없이 측정하고 보내는 것이 불법이라는 법제도적인 한계도 있지만 또 다른 이유는 환자는 의사를 직접 만나고 싶어 한다는 것이다. 의사도 또한 환자의 걸음걸이나 표정 등 상태를 보아야만 종합적인 진단이 가능하며 아무리 좋은 화상 시스템으로도 이를 해결하기는 어렵기 때문이다. 이러한 부분은 변하지 않는 영역이며 기술적인 문제 때문에 서비스가 안되는 것이 아니다.

변하지 않는 영역이란 사람들이 변화를 싫어하는 영역이다.

스스로 운전하는 자동차를 만들 수는 있지만 보급이 어려운 이유는 그런 자동차를 운행하는 중에 사고가 나면 누구에게 배상 책임을 물을지가 모호하기 때문이다. 타고 있던 운전자인지, 자동차의 소프트웨어 개발자인지, 아니면 자동차를 판매한 회사인지 그 책임 소재가 불분명하여 보험회사가 곤란해진다. 스스로 운전하는 자동차가 나오기 어려운 또 다른 이유는 사람들이 운전하는 재미를 뺏긴다는 것이다.

정보 서비스에서 중요한 요소 중 하나가 바로 재미이다. 지나친 자동화로 인해 재미가 없어지는 서비스는 외면받게 된다. 과거 여러 매력적인 유비쿼터스 서비스들이 대부분 실현되지 않은 이유는 유비쿼터스 서비스가 상황인식을 통해서 지나친 자동화를 지향해서 사람이 개입하는 재미를 빼앗았기 때문이다. 집 냉장고에 맥주가 떨어지면 자동으로 슈퍼에서 주문해서 배달이 온다는 것은 사람으로부터 쇼핑하는 재미를 빼앗는 것이다.

재미는 매우 중요한 본성이다.

새로운 정보 서비스 기획에서 변하지 않을 영역을 바꿀 수 있다고 시도하는 것은 매우 위험하다. 전에 없던 새로운 서비스를 제공하여 성공하려면 사람들이 이러한 큰 변화를 감수할 가치가 있을 서비스인지 즉, 사람들의 생각이나 문화를 바꿀 만큼 파괴력이 큰 서비스인지를 신중히 검토해야 한다.

사람의 본성을 거스르는 서비스는 성공하기 어렵다.

3.

정보사업 기획

많은 정보사업이 계획대로 수행되지 못하고 어려움을 겪는다. 일이 잘 수행되지 못했다면 그것은 기획이 잘못되었기 때문이며 훌륭한 기획은 실패할 요인을 최소화해야 한다.

정보사업도 건물을 짓는 것처럼 정교한 설계가 필요하다. 3장에서는 정보사업을 기획하는 방법을 소개한다. 성공적인 사업을 위한 예산계획, 서비스 모델, 비즈니스 모델, 이용자 중심의 서비스 설계 등을 소개하겠다.

예산과 성과는 비례하지 않는다

정보사업 관리에서 고려해야 할 핵심 요소를 크게 세 가지로 나눌 수 있는데 예산, 기간 그리고 일의 범위이다. 얼마의 예산으로, 언제까지, 어떤 범위의 일을 완성하는 지를 관리하는 것이 사업 관리의 핵심이다.

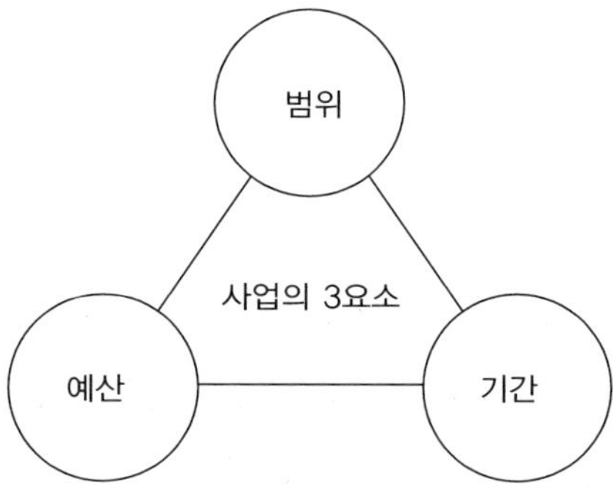

현실적으로 이 세 가지 요소가 모두 다 만족스럽게 주어지는 사업은 드물다. 예산이 부족하든지, 기간이 짧든지, 아니면 일의 범위가 너무 많다. 사업 관리는 이러한 제한 요건을 조율시키는 기술이라고 할 수 있다.

사업 관리란 예산, 기간, 일의 범위를 조정하는 것이다.

사업을 성공적으로 수행하기 위한 조건을 말할 때 가장 중요시되는 것이 예산이다. 예산만 충분하면 원하는 기능을 제대로 구현할 수 있고 사업 기간도 단축할 수 있다고 생각한다. 그래서 사업을 기획할 때 실무자는 가능한 많은 예산을 확보하려고 노력한다. 또한 일반적으로 실무자는 자신의 능력이 자신이 집행한 예산 규모에 비례한다고 생각한다. 연간 10억 원을 집행하는 실무자는 연간 5억 원을 집행하는 동료보다 능력이 많다고 인정받은 것으로 생각한다. 또한 자신이 속한 조직이 인정받기 위해서도 사업 규모는 클수록 유리하다.

이러한 이유로 실무자는 가능한 많은 예산을 확보하려고 한다. 혹시 자신이 신청한 예산보다 적게 사업비가 배정되면 윗사람이 이 사업의 중요성을 모른다거나 또는 자신이 능력을 인정받지 못했다고 생각하기도 한다.

많은 예산을 집행할수록 능력도 많다고 생각하기 쉽다.

그런데 모든 사업에는 그 일을 수행하는데 필요한 적정한 예산이 있다. 예산이 부족하면 물론 사업이 성공할 수 없지만 반대로 적정 예산보다 사업비가 너무 많으면 오히려 일의 성과가 나빠질 수가 있다. 그 이유를 살펴보자.

우선 예산이 적정 수준보다 많아지면 이에 비례하여 더 많은 결과를 내야 한다는 부담을 갖게 된다. 이런 부담을 갖고 서비스를 개발하면 기능이 불필요하게 많이 들어가게 되어 오히려 서비스가 무거워진다. 이용자들은 복잡한 서비스를 결코 좋아하지 않는다. 기능 선택이 복잡하거나, 새로 학습할 것이 많거나, 또는 처리속도가 느려지는 것은 아무도 원치 않는다.

예산에 맞추어 기능이 늘어나면 서비스는 복잡해진다.

예산 규모를 키우기 위해서 간혹 필요 이상으로 고가의 장비를 구입하거나 대규모 데이터베이스를 구축하기도 한다. 장비 구매나 데이터베이스 구축은 예산을 집행하기도 비교적 쉽고 성과를 보여주기에도 좋다. 그러나 장비 도입은 항상 감가상각비와 유지보수 비용을 고려해야 한다. IT 장비는 5년 정도가 지나면 더 이상 사용하기 어려운 경우가 많다. 데이터베이스 구축도 반드시 대규모로 한 번에 하는 것이 필요한지를 생각해야 한다.

이렇게 고가 장비나 소프트웨어 구매 또는 데이터베이스 구축의 비중을 크게 하여 사업을 추진하면 또 다른 문제가 생긴다. 정작 중요한 핵심 기능 구축에 소홀해 질 수 있다. 예를 들어 사업비가 10억 원인데 장비 구매비가 5억 원이라고 하면 단순히 장비 구매만 하고 일의 50%를 했다고 착각하기 쉽다. 이러한 심리적인 성취는 발주처나 사업자나 마찬가지이다. 실제로 서비스의 품질은 나머지 50% 예산으로 구축할 서비스 기능에서 좌우된다.

간혹 가시적인 사업 실적을 크게 보이기 위해서 장비를 과도하게 구매하는 경우도 있다. 장비를 구매하면 마치 건물을 지은 것처럼 성과를 확실히 보여줄 수 있다고 생각하기 때문이다. 그런데 요즘은 인터넷 데이터센터나 클라우드 서비스가 보급되어 정보를 저렴하게 저장할 수 있고 굳이 하드웨어를 소유하지 않아도 되는 경우가 많다. 고가의 장비는 수년 내에 곧 골동품이 되고 유지보수비가 많이 들 수 있다는 것을 고려해야 한다. 운영비를 줄이기 위해서 하드웨어를 소유하지 않는 전략도 고려해야 한다. 물론 서비스에 필요한 핵심적인 장비는 아무리 고가라도 구매해야 한다.

그런데 지금까지 말한 내용은 예산이 많아서 생기는 행복한 경우이고, 대부분의 사업에서는 예산이 필요한 것보다 적게 배정된다. 특히 정보사업은 예산이 삭감되기 쉬운 사업이다. 만일 꼭 필요한 것보다 적게 예산이 배정되면 어떻게 해야 할까.

예산이 부족하게 배정되면 일의 범위를 바로 조정해야 한다. 줄어든 예산으로 최초의 목표와 비슷한 결과를 내려고 욕심을 내면 결과가 부실하게 나온다. 예산이 삭감되면 일을 적절히 줄이는 것이 일을 무리하게 추진하는 것보다 일을 잘하는 것이다. 예산이 변경되었을 때는 즉시 이러한 사업 범위를 조정하고 상급 관리자에게 변경 내용을 보고해야 한다.

예산이 줄면 바로 일의 범위를 줄여야 한다.

많은 경우에 예산이 삭감되어도 초기에 하려고 했던 사업의 대부분을 포함시키려고 노력한다. 간혹 발주처에서 사업자에게 이러한 일(부족한 예산으로 당초의 기능을 구현하는 일)을 무리하게 요구하기도 하는데 이는 피해야 한다. 혹시 사업자가 이를 수용하더라도 나중에 문제가 나타나게 되어 있다. 정보사업의 중요한 특징은 일단 서비스가 동작하는 것처럼 보여도 어디가 부실한지 처음에는 그 증상이 잘 안 나타난다는 것이다. 이용자 수가 급격히 늘어나거나, 예상치 못한 오류가 발생하면 시스템이 멈출 수 있다. 정보사업에서 가장 중요한 것은 안정적으로 동작하는 것이며 부족한 예산에 무리하게 기능을 구현하면 안정성에서 문제가 발생할 수 있다.

정보사업에서 가장 중요한 것은 서비스가 안정적으로 동작하는 것이다.

예산이 삭감되면 이를 오히려 핵심에 집중하는 기회로 삼는 것도 좋은 전략이다. 줄어든 예산에 맞게 일을 줄이려면 어쩔 수 없이 개발할 기능을 줄여야 하는데 이것이 오히려 핵심적인 기능에 집중하도록 해줄 수 있다. 실제로 성공한 사업 중에는 이렇게 예산이나 시간이 부족하여 핵심에 집중했던 사례가 많다.

예산이 삭감되면 이를 핵심 기능에 집중할 수 있는 기회로 활용해야 한다.

예산계획

사업 예산을 배정 받은 후에 예산을 세부적인 일 단위로 나누는 작업이 예산계획이다. 예를 들면 전체 사업비 5억 원을 서버 구매비, 소프트웨어 구매비, 소프트웨어 개발비, 콘텐츠 구축비, 통신비, 홍보비, 인건비, 자문비, 시범운영 비용 등의 세부 항목별로 예산을 나누는 작업을 말한다. 그러나 예산계획이란 단순히 예산 액수를 나누는 작업이 아니라 일의 우선순위와 일의 범위를 나누는 작업이라는 것을 이해해야 한다. 예산작업을 하면서 일의 상대적인 비중과 실제로 할 일의 범위가 정해진다.

예산계획은 사업 기획에서 가장 중요한 단계인데, 예산계획을 통해서 발주처와 사업자는 사업 전체에서 각 부분이 얼마나 중요한지를 공감할 수 있기 때문이다. 세부사업별로 배정된 예산을 보면 어디에 에너지를 더 쏟아야 할지, 어느 기능이 핵심 관심사인지가 표출된다. 사업 관리자는 초기에 공개적인 예산계획을 통해서 모든 구성원 간에 사업 비중에 대한 공감대를 형성해야 한다.

예산을 보면 어느 영역이 중요한지가 드러난다.

그런데 실제로 사업을 진행하면 예산계획대로 사업이 진행되지 않으며 예산을 재조정하게 된다. 여기서 중요한 것은 이러한 예산 조정과정을 사업의 숨은 문제점을 파악하는 기회로 활용해야 한다는 것이다.

예산계획은 사업을 해보기 전에 세운 계획으로서, 정보사업처럼 개발 도중에 여러 변수가 나타나는 사업에서는 특히 예산계획은 틀릴 수밖에 없다. 이때 예산 계획과 실제 비용 지출에서 차이가 나는 것을 두려워할 것이 아니라 그 차이가 나는 그 원인을 파악함으로써 숨어 있는 문제를 찾아내야 한다.

예를 들어 화면 구성 디자인 비용이 예상과 달리 두 배로 늘었다면 그 원인이 화면 페이지가 불필요하게 복잡해져서인지 아니면 생각지 못한 기능이 더 생겨서 인지를 파악해야 한다. 프로그래머 세 사람이 맡기로 계획된 일에 다섯 명이 투입되어야 한다면 혹시 뭔가 불필요한 일을 하고 있는 것은 아닌지, 개발자의 능력이 떨어지는 것인지, 아니면 예상치 못한 기술상의 오류가 발생해서 인지를 알아내야 남은 기간의 사업 관리를 잘 할 수 있다. 단순히 예산을 절감하거나 부족한 예산을 다른 부분에서 전용하는 것으로는 사업 관리를 잘 할 수 없다.

예산 집행이 예산계획과 맞지 않으면 이 차이를 분석함으로써 사업 관리의 핵심사항을 파악하는 것이 필요하다. 특히 정보사업에서는 스펙과 업무 분담이 수시로 변경될 수 있으므로 예산 변경도 수시로 발생할 수 있으며, 그때마다 사업 관리의 중요한 실마리를 찾는 것이 필요하다. 예산 조정을 피하려고 무리하게 최초의 예산계획대로만 진행하도록 고집을 부려서는 안 되는 것이다.

예산계획이 집행시에 틀려지면 그 원인을 찾는 과정에서 현실적인 사업 관리가 이루어진다.

최적의 사업 기간

사업 관계자 모두에게 사업 기간은 짧을수록 좋다. 그러나 아무리 예산을 많이 투입하고 고급 개발자가 참여해도 모든 일에는 그 일을 마무리하기 위한 최소 시간이 있다. 이를 무시하고 진행하면 좋은 결과가 나오지 않는다. 그런데 가끔 밤을 세워서라도 일을 마친다고 욕심을 부리는 경우가 있다. 며칠간은 밤샘작업을 할 수 있겠지만 일주일 이상 그렇게 할 수는 없다.

밤새는 작업은 일주일 이상 계속하기 어렵다.

정보사업에서는 사업 기간이 2개월 정도로 짧은 경우도 많다. 기간이 짧다고 불평할 수는 없고 좀 무리라고 생각되더라도 대부분 사업은 진행된다. 이러한 단기사업을 수행할 때는 반드시 과거에 같이 일해본 팀에게 일을 맡겨야 한다. 사업을 하는데 있어서 팀원들 간에 서로를 이해하는 데에도 최소한의 시간이 필요하기 때문이다. 종종 이 시간을 무시하고 단기사업에 우수한 개발자로 구성된 드림팀을 만들어 투입하기도 하는데 이는 좋을 성과를 내지 못한다. 사업 규모에 따라 다르겠지만 통상 같이 일하는 사람들이 서로를 파악하는 데는 한 달 정도 시간이 필요하다.

개발자들이 팀워크를 형성하는 데 한 달은 걸린다.

어떤 사업을 완료하는 데 필요한 기간을 예측하는 데에는 다음과 같은 황금률이 있다. 그 분야의 경험이 많은 기술자가 최초로 추정한 시간의 2.5배를 예상하라는 것이다. 예를 들어 유사한 일을 해 본 전문가가 한 달 걸릴 거라고 추정했다면 실제로 그 일을 완성하는 데에는 두 달 반이 걸린다는 이야기다. 개발자는 대부분 자신의 능력을 긍정적으로 믿고 있으며 정상적인 조건에서 개발하는데 필요한 순수 시간만을 말하기 때문이다. 그러나 실제 개발과정에는 순수 개발 이외의 시간, 예를 들면 스펙 변경, 개발자의 개인사정, 뜻밖의 문제 발생 등으로 인해 시간이 더 걸리기 때문이다.

사업 관리자는 아무리 전문가라도 개발자가 말하는 예상 기간을 그대로 믿으면 안 된다. 실력이 좋은 전문가일수록 자신의 능력을 과시하고 싶어 한다. 나 같으면 한 달이면 할 수 있다라고 자랑하는 것을 감안해야 한다. 실제 사업에서는 2.5배보다 더 걸리는 일도 흔하며 예상 기간보다 시간이 더 적게 걸리는 일은 거의 없다. 독자 여러분도 한번 과거의 경험, 즉, 본인이 추정한 개발 시간과 실제 개발에 걸린 시간을 체크해 보기 바란다.

개발 완료에는 순수한 개발 시간의 2.5배가 필요하다.

그렇다면 사업 기간은 여유 있게 잡을수록 항상 좋은 것인가? 예를 들어 8개월 걸릴 일을 12개월로 잡아서 추진하면 테스트도 더 다양하게 해보고, 시간적 여유가 있어 좋을 것일까? 실제로는 그렇지 않다. 사업 기간이 너무 길어도 문제가 있는데 그 이유를 알아보자.

사업 기간이 길게 여유 있게 잡혀있으면 사업자가 우수한 개발자를 투입하지 않는다. 왜냐하면 회사에서 우수한 인력은 해야 할 일이 많기 때문에 사업 기간이 긴 프로젝트에 장시간 매달려 있을 수가 없다. 또한 여유가 있는 사업은 경험이 적은 초급 개발자들을 교육시키는데 적합하다. 혹시 초기에 우수 개발자를 투입하더라도 이들은 중간에 다른 급한 사업을 맡게 된다. 그러면 나중에 우수 개발자가 다시 투입되더라도 중간과정을 모르므로 일 처리가 잘 안 된다.

사업자는 오히려 사업 기간에 여유가 없어야 우수한 개발자를 투입한다. 우수할 개발자를 투입해야 제시간에 일을 끝낼 수 있고 또 기간이 짧으므로 이 사업을 마무리하고 다른 사업에 우수 개발자를 투입할 수 있어 인력 활용에 손실이 없기 때문이다.

여유 있는 사업에는 우수한 개발자를 투입하지 않는다.

참고로 정보사업에서는 개발자의 역량이 사업결과 품질에 가장 큰 영향을 준다. 우수한 개발자 한 명이 보통 개발자 다섯 명보다 나을 수가 있으므로 발주처는 가능하면 우수한 개발자가 투입되도록 신경을 써야 한다.

사업 기간을 길게 정하면 안 되는 또 다른 이유는, IT 개발자는 장시간 한 가지 일에 매달리면 집중도가 떨어진다. 이런 면에서는 6개월 정도로 일을 나누어서 추진하는 것도 좋은 전략이다.

사업 참여자들은 사업이 끝날 때가 되어야 비로소 사업이 어떻게 진행되었으면 좋았을지를 알게 된다. 사업을 마무리할 시점이 되면 잘못 생각했던 것들이 명확히 드러나고, 어떤 것들이 핵심사항이었는지를 알 수 있기 때문이다. 이러한 특성을 감안하면 사업은 가능하면 장기로 한번에 추진할 것이 아니라 단계별로 나누어 진행하는 전략이 때로는 필요하다. 예를 들면 총 1년 걸릴 사업이라면 이를 6개월씩 두 번에 나누어 추진하는 것이다. 첫 단계를 마무리할 때에 어떻게 하면 더 좋은 결과를 낼 수 있을지를 명확히 파악할 수 있고 이를 두 번째 단계에 반영할 수 있기 때문이다. 물론 일을 두 번에 나누어 추진하므로 사업자선정을 두 번 해야 한다. 그러나 사업을 두 단계로 나누어 추진하면 사업 방향이 맞는지를 중간에 확실하게 검증하게 되므로 추가로 더 들어가는 시간과 노력에 비해 얻는 것이 더 많아질 것이다.

장기사업을 단계별로 나누어 추진할 때 종종 우려하는 것은 단계별로 사업자가 바뀔 수 있다는 것인데, 이는 크게 우려할 것이 아니다.

한 사업자가 지속적으로 일을 하여 성과를 낼 수도 있지만, 단계별로 경쟁하게 함으로써 오히려 더 좋은 결과를 낼 수도 있다.

장기사업은 두 단계로 나누어 추진해야 성과를 내기가 유리하다.

처음 예상한 것과 달리 사업진행 중간에 사업 기간이 줄어드는 경우도 있다. 어떤 이유로든 사업 기간이 줄면 이에 맞게 개발 범위도 반드시 조정해야 한다. 사업 기간이 줄어들었는데도 예산이 줄지 않았으면 구현 범위를 줄이지 못하는 경우도 있는데 이는 위험하다. 기간이 줄어든 것은 예산이 줄어든 것 못지않게 중요한 변화이며 반드시 사업 범위를 조정해야 한다.

사업 성공 요건이 달라진다

예전의 정보사업에서는 새로운 기술을 성공적으로 도입하거나, 상용화에 성공하거나, 매출이 늘거나, 언론이 좋게 평가하거나, 최고 관리자가 만족해하는 것 등이 사업 성공의 기준이었다. 그러나 이제 정보사업의 성공 요건이 크게 달라지고 있다.

정보사업은 새로운 서비스를 선보이는 경우가 많다. 또한 신규 사업비를 확보하려면 전에 없던 서비스라는 것을 강조해야 할 경우도 있다. 그러나 정보사업에 대한 평가는 점차 실용적으로 변하고 있다. 새로운 서비스가 이용자에게 실제로 도움이 되는 것이 입증되어야 한다.

사업 성공의 기준은 실제 이용자의 만족도에 달려있다.

과거에는 정보 서비스의 기능이 우수하거나 다양하면 좋은 평가를 받을 수 있었다. 따라서 다양한 기능을 강조하는 경우가 많았다. 그러나 이제는 다양한 기능을 제공하는 것이 사업 성공 요건이 아니다. 왜냐하면 이용자에게는 기능이 많은 것은 중요하지 않으며 오히려 이를 좋아하지 않는다. 이용자는 "제공되는 서비스의 기능" 보다 "자신이 느끼는 만족도"를 사업 성공의 평가 기준으로 삼는데, 만족도를 높이려면 서비스가 단순하고 분명해야 한다. 사람들은 언론에 보도된 내용 또는 다른 전문가들이 말하는 평가에 크게 현혹되지 않으며, 이용자 자신의 체험을 가장 중요시한다.

만족스런 서비스는 하나의 기능에 집중한다.

이제 이용자들이 서비스를 직접 평가하고 즉시 피드백을 보내는 시대로 바뀌었다. 이용자는 스마트폰, 노트북 등 평가 도구를 손에 들고 다니며 SNS가 의견수렴, 불만표출의 창구 역할을 훌륭히 하고 있다. 예전처럼 기관 홈 페이지에 방문해서 로그인하고 불편사항을 남기지 않는다. 홈 페이지에 쓰여 있는 말들을 사업 평가 기준으로 삼으면 큰 오산이다. 홈 페이지에는 극히 불만스러운 사람과 매우 만족한 사람들이 글을 남기며 대다수의 사람들은 SNS를 통해 의견을 나눈다.

서비스에 대한 불만은 SNS를 통해서 전파된다.

지금도 신문, 방송, 잡지 등 기존 언론의 역할은 중요하며 사업 평가에 여전히 큰 영향을 미치고 있다. 그러나 점차 전문 기자의 시각보다는 실제 이용자의 평가가 중요한 역할을 하고 있다. 이를 비전문가의 평가라고 가볍게 생각할 수 있으나 오히려 비전문가들의 생각이 더 중요하다. 과거에는 정치인에 대한 평가, 연예인에 대한 호감도 등이 신문 방송을 통해서 전파되었다. 그러나 지금은 블로그나 트위터가 더 큰 영향력을 행사하는 것과 같이 정보사업에서도 일반 이용자의 평가가 핵심 역할을 한다.

이용자에게 물어보았나?

정보사업이 성공하기 위한 조건은 명확하다. 이용자가 원하는 서비스를 제공하면 된다. 그리고 이용자가 원하는 서비스를 알아내는 가장 좋은 방법은 이용자에게 직접 물어보는 것이다. 그런데 실제로 많은 정보사업에서 정작 최종이용자에게는 거의 묻지 않고 사업을 진행한다. 이렇게 용감하게 사업을 진행하는 이유는 발주처나 개발자들이 최종이용자의 생각을 알고 있다고 착각하기 때문이다. 즉, 자신도 이용자의 입장에서 생각하는 것이 가능하다고 믿기가 쉽다.

그러나 발주처나 개발자들은 이용자와 입장이 다를 수밖에 없다. 발주처나 개발자는 시스템이 어떻게 돌아가는지 내용을 잘 알고 있다. 이에 비해 이용자는 시스템에 대해 전혀 모르고 있다. 사전 지식이 전혀 없는 사람과 서비스의 배경을 상세히 알고 있는 사람의 생각은 같을 수가 없다.

또한 발주처나 개발자는 자신이 만드는 시스템에 대해서 애착이 있기 마련이다. 자신이 생각한 아이디어가 구체화되는 것은 즐겁고 자랑스러운 일이다. 칭찬을 받아도 항상 부족한 것이 아이디어 제안자와 개발자이다. 그러므로 실제 서비스 이용과정에서 나타날 수 있는 부정적인 측면 또는 예상되는 문제점을 발주처나 개발자는 외면하고 싶어 한다. 사람들은 무의식적으로 자신이 개발한 시스템에 호의적인 점수를 주기 때문이다.

따라서 발주처나 개발자는 절대로 실제 이용자의 심리나 불만을 정확히 파악할 수 없다. 자신들이 이용자의 역할을 대신할 수 없다는 것을 분명히 받아들여야 하며 반드시 실제 이용자들의 반응을 확인해 보아야 한다.

발주처나 개발자는 이용자처럼 생각할 수가 없다.

성공적인 서비스를 위해서 이용자에게 물어봐야 한다고 했으나 반대로 이용자에게 물어보는 것이 도움이 되지 않는 경우도 있다. 오히려 물어보면 안 되는 경우도 있다. 예를 들어 전에는 존재하지 않았던 새로운 서비스를 개발하는 경우에는 이용자에게 물어보는 것이 도움이 안 된다. 왜냐하면 이용자는 그런 서비스를 사용한 경험이 없기 때문에 피상적으로 대답할 수밖에 없다. 예를 들어 냉장고에서 인터넷이 되는 제품을 만들면 쓰겠냐고 물어보면 대부분 그러겠다고 대답한다. 있으면 편리할 것 같지만 실제로 냉장고를 사용하는 주부는 음식을 만드느라고 바쁘다. 남자가 요리한다면 모를까 인터넷을 사용할 여유가 없다. 소비자들은 실제 상황을 정확히 시뮬레이션하고 답을 하는 것이 아니라 그런 서비스가 있으면 좋겠다는 정도만 생각하고 무책임하게 대답하는 것이다.

이렇게 소비자에게 물어볼 때는 좋다고 하지만 실제로 제품이 만들어진 후에 외면하는 또 다른 이유로는 새로운 서비스의 사용법을 익히는 것이 불편하거나 또는 아무리 저렴하더라도 이용료를 추가로 내야 하는 경우 등이다.

사람들은 새로운 서비스에 대한 의견수렴을 할 때에 뭔가 새로운 것에 대한 동경 때문에, 또는 체면 때문에 좋다고 답하기도 한다. 다이어트에 좋은 제품이라든가 환경 오염을 줄이는 제품이라든가 에너지를 절약하는 서비스라고 하면 나쁘다고 말할 수가 없다. 그런데 그것을 실제로 이용자가 사용할지는 미지수이다.

수요조사가 전혀 도움이 되지 않는 경우도 있다.

따라서 사업 기획 시에 이용자에게 미리 물어봐야 할 경우와 물을 필요가 없는 경우를 구분해야 한다.

어떤 사업은 반드시 이용자에게 미리 물어봐야 하는데, 예를 들어 기존에 이미 운영 중인 서비스를 개선하는 경우에는 이용자에게 그 변화에 대해서 물어봐야 한다. 사람들이 기존에 사용하던 방식과 달라진 새로운 서비스를 좋아할지는 그것이 아무리 좋은 서비스라고 하더라도 반드시 점검해야 한다. 새로 개발한 서비스가 오히려 이용자를 불편하게 만드는 경우도 많기 때문이다.

전에 있던 서비스를 개선하려는 경우는 반드시 이용자에게 물어봐야 한다.

반면에 새로운 서비스를 창조한 경우는 이용자에게 물어봐도 정확한 피드백을 받기 어렵다. 전혀 새로운 유형의 서비스의 타당성에 대해서는 그 분야를 많이 고민해 본 전문가에게 물어봐야 한다. 전문가는 새로운 서비스로 인해 예상되는 문제점을 객관적인 입장에서 심도 있게 고민해 볼 수 있기 때문이다.

전에 없던 새로운 서비스에서 어떤 문제가 발생할지는 전문가에게 물어봐야 한다.

일을 맡긴 발주처가 최종이용자는 아니다

사업을 만들고 관리하는 발주처와 그 사업의 결과 서비스를 이용하는 이용자가 분명히 다르다는 것을 잊지 말아야 한다. 발주처는 사업을 만들고 사업비를 지급하지만 실제로는 서비스를 이용하지 않는 사람이다. 물론 발주처 직원도 때에 따라 그 서비스를 이용할 수도 있겠지만 이는 특수한 경우이다.

좋은 결과를 얻으려면 정보 서비스를 기획할 때 발주처의 생각을 위주로 기획하면 안 되고 반드시 최종이용자의 생각을 알아내야 한다. 왜냐하면 서비스의 성공 여부는 이용자가 결정하기 때문이다. 그런데 실제로 사업을 기획하고 개발하는 과정에서 사업자나 개발자는 일을 맡긴 발주처의 요구를 중요시하고 정작 사업의 결과물을 이용할 이용자의 생각을 파악하고 이를 반영하는 것은 소홀히 하는 경우가 많다.

발주처가 아니라 실제 이용자가 만족해야 서비스는 성공한다.

사업자가 발주처의 요구에만 주로 신경을 쓰는 이유는 발주처가 예산을 집행하고 사업 진행에 관한 모든 의사결정권이 있기 때문이다. 또한 개발자는 소수인 발주처를 만족하게 하는 것이 다수인 일반이용자를 만족하게 하는 것보다 훨씬 쉽기 때문이다.

그러나 구축할 서비스가 발주처의 마음에 든다고 해서 이용자도 만족한다는 보장은 없다. 오히려 반대인 경우가 더 많다. 왜냐하면 발주처는 이용자의 생각을 정확하게 파악하기가 어렵기 때문이다.

일을 맡긴 발주처를 만족하게 하는 것이 실제 이용자를 만족하게 하는 것보다 훨씬 쉽다.

경험이 많은 사업자나 개발자는 위와 같은 사실, 즉, 발주처가 만족하는 서비스라고 해서 이용자도 만족하는 것은 아니라는 사실을 잘 알고 있다. 따라서 유능한 개발자는 발주처가 요구하는 기능 범위와 이용자가 실제로 만족할 결과물의 차이를 좁히기 위해서 노력한다. 그러나 이 과정이 쉽지는 않다. 왜냐하면 이용자는 멀리 있고 발주처는 가까이 있기 때문이다.

실제로 많은 사업이 틀린 방향, 즉, 발주처는 좋아할지 모르지만 이용자는 거의 좋아하지 않을 방향으로 가고 있어도 개발자는 이를 발주처에게 정확히 알려주지 않는다. 이로 인해 발생하는 문제는 사업을 종료할 때쯤 드러나거나 사업을 종료한 후에나 알게 된다. 이렇게 나중에 문제가 되더라도 개발자는 크게 책임을 지지 않아도 된다. 왜냐하면 발주처에서 원하는 대로 설계하고 만들었기 때문이다.

이러한 문제에 대비하기 위한 가장 좋은 방법은 발주처가 이 서비스를 이용자가 정말 좋아할지를 수시로 확인하는 것이다. 그런데 이렇게 할 수 있는 발주처는 경험이 많은 경우이다. 대부분의 발주처는 그렇게 하지 못하며 개발자가 이러한 조정 역할을 해주기를 바라고 있다. 이 부분이 바로 프로젝트 관리자(PM)의 역량이 필요한 부분이다.

우수한 PM은 발주처를 설득할 수 있어야 한다.

PM은 사업의 성패를 최종이용자가 판정한다는 사실을 분명히 인식하고 실제 이용자가 서비스 기획 단계부터 참여할 수 있는 방법을 고안해야 한다. 말로만 하는 이용자 중심의 설계가 아닌 실제 이용자가 참여하는 설계가 되도록 하는 것은 매우 중요하다.

사업 모델

민간 영역의 사업에서는 기획단계에서 항상 묻는 말이 있다. "수익 모델이 무엇인가요?" 이 사업을 하면 어떻게 수익을 낼 수 있는지를 묻는 말이다. 기업에서는 기본적으로 수익성이 없는 사업은 하지 않는다. 따라서 수익 모델은 기업에서 새로운 사업을 기획할 때 핵심 검토사항이다.

공공사업의 경우는 이와 달리 사업 자체는 수익은 나지 않더라도 주민이나 기업의 편익을 증진할 수 있어야 한다. 사업 추진의 타당성을 검증하기 위해서는 편익 분석을 한다. 편익 분석이란 이 사업을 하면 주민의 삶의 질이 얼마나 향상되는지, 사회가 안전해지는지, 또는 기간 인프라로서 다른 사업에 도움이 될 수 있는지를 투자 대비 성과로 입증해야 한다.

수익이 목적이든, 편익 증대가 목적이든 어떤 사업을 지속해서 운영하기 위한 계획을 사업 모델(비즈니스 모델)이라고 한다. 민간사업이라면 수익 모델을 중심으로 한 사업 모델이 정립되어야 하고, 공공사업이라면 주민편익, 기업유치, 산업발전 등을 지속해서 만족하게 하기 위한 사업 모델이 필요하다. 즉, 수익창출이 목적이 아닌 비영리 사업도 지속적으로 운영되려면 적절한 사업 모델이 있어야 한다.

수익 모델은 수익을 내는 계획이고 사업 모델은 사업을 계속 운영하기 위한 계획이다.

사업 모델 정립과 관련하여, 공공사업에서는 시범사업과 운영사업을 명확히 구분하는 것이 필요하다. 시범사업과 운영사업은 그 목적과 사업 모델이 서로 다르기 때문이다.

시범사업

정보사업을 크게 두 가지 유형으로 나눌 수 있는데, 새로운 서비스를 시험적으로 운영해보는 시범사업이 있고, 현안을 해결하기 위한 운영사업으로 나눌 수 있다. 두 가지 유형별로 사업 모델을 어떻게 세워야 하는지를 알아보겠다.

건설, 토목, 자동차 산업 등에는 시범사업이 없다. 모델 하우스라면 몰라도 건물을 시험적으로 지어보고 허물고 다시 짓는 일은 없다. 그런데 건설이나 제조업과 달리 정보사업에는 시범사업이 많다. 어떤 경우는 시범사업이 꼭 필요하기도 한데, 본 운영사업을 추진하기 전에 반드시 검증할 것이 많은 경우이다. 시범사업을 통해서 이용자의 반응도 보고, 문제점도 파악하고, 더 나은 기능을 설계하기도 한다. 또는 아직 검증되지 않은 신기술을 시험해 보거나 미래의 새로운 서비스 발굴을 위해서 필요하다. 이렇게 시범사업의 비중이 큰 것이 정보사업의 특징이기도 하다.

> 시범사업은 새로운 서비스를 시험적으로 운영해보는 사업이며 운영사업은 현안을 해결하기 위한 사업이다.

어떤 정보사업이 시범사업으로 추진된다면 이를 최고 의사결정권자나 시민들에게 분명히 이해시켜야 한다. 시범사업과 뒤에서 설명할 본 사업(운영사업)을 모호하게 추진해서는 안 된다. 시범사업의 경우 이것이 시험적으로 추진된다는 것을 분명히 알리고 사업 목표도 여기에 맞게 설정해야 한다.

그런데 가끔 시범사업을 추진하고 나면 운영까지 바로 연결되는 것처럼 잘못 이해할 수 가 있다. 이는 과대광고인 셈이다. 시범사업과 운영사업은 목표가 다르므로 반드시 다른 사업 모델을 가져야 한다.

시범사업을 하고 나면 바로 운영이 되는 것이 아니다.

시범사업은 시범사업으로 그칠 수 있다는 것을 전제로 해야 한다. 어떤 면에서는 시범사업은 시범사업으로 그쳐야만 한다. 왜냐하면 시범사업의 사업 모델은 새로운 서비스를 검증하고 이 서비스가 지속적으로 운영될 수 있을지의 가능성을 찾는 것이 주 목적이기 때문이다.

공공에서는 처음부터 운영사업을 추진하는데 부담이 크다. 운영사업은 운영인력과 운영비가 계속 필요하기 때문이다. 이런 경우에 시범사업은 새로운 사업의 타당성을 검증하기 위해서 필요한 과정이다. 이러한 시범사업의 목적을 고려한다면 시범사업을 기획하면서 향후 운영문제를 너무 고려하면 안 된다. 그러면 시범사업을 추진하는 것 자체가 어려워진다. 왜냐하면 운영에 대한 부담 때문에 사업 자체를 시작하지 않기 때문이다.

시범사업을 기획할 때는 운영 대책을 너무 많이 고민하면 안 된다.

한편 시범사업을 잘못 추진하는 예로는 언론이나 일부 전문가 들이 신기술을 집중적으로 소개하고 이 기술을 활용하는 신규사업을 급하게 구상하는 경우이다. 신기술을 여러 매체에서 반복적으로 다루면 점점 중요한 것으로 인식되기 쉽다. 그 신기술 서비스를 다른 지자체에 먼저 도입을 했거나 성공적이라고 언론에 보도되면 경쟁이 가속화 된다.

이렇게 급하게 시범사업을 진행하면 아직 성숙되지 않은 기술을 사용하게 되어 시행착오를 피할 수 없다. 특히 새로운 분야의 개발자는 구하기도 힘들어 성과를 내기도 어렵다.

운영사업

운영사업은 교통, 세무, 민원, 복지와 같은 기존의 일반 업무를 정보화하여 업무 효율을 높이는 사업을 말한다. 시범사업이 시험적으로 해보는 사업이라면 운영사업은 본 업무를 개선된 방법으로 수행하는 것이다. 따라서 운영사업으로 인정을 받으려면 이 정보사업을 추진함으로써 인력이나 예산이 절감되든지, 처리가 빨라지든지, 아니면 이용자에게 분명한 편익이 제공된다는 것이 검증되어야 한다. 공공사업의 경우, 어떤 사업이 운영사업으로 추진해도 될지를 판단하는 가장 명확한 방법은 그 사업이 세금으로 운영해도 문제가 없을지를 확인해보면 된다.

운영사업은 세금으로 운영해도 될 사업이어야 한다.

성공적인 운영사업의 예로 인천공항의 u-airport 사업이 있다. 세계공항 평가에서 7년 연속 1위를 한 인천공항에서는 출입국 승객의 시간대별 분포를 웹에 공지하여 승객들이 몰리는 시간을 피하도록 하였고, 정보 기술로 출입국 수속 시간을 줄였다. 이렇게 하여 공항에 일찍 도착한 사람들이 시간이 남게 되자 공항면세점에서 쇼핑하는 시간이 자연스럽게 늘었고 매출이 증대되었다. 수익과 이용자 편익을 모두

얻은 성공적인 사례라고 하겠다.

운영사업에서 고려해야 할 주요사항은, 새로 제공할 서비스는 현재의 업무를 최적화하거나 대체하는 모델에서 출발해야 한다는 것이다. 전에 없던 새로운 업무를 도입하는 운영사업은 실패하기 쉽다. 이상적으로는 운영사업을 통해서 기존의 업무 부담이 줄어야 한다. 새로운 서비스로 인해 업무가 추가로 늘어난다면 이는 지속적으로 운영되기 어렵다. 또한 새로운 서비스를 도입하여 기존 조직이 업무 패턴을 바꾸어야 한다면 업무 처리가 바뀌는 데 생각보다 많은 시간이 필요하다는 것을 알아야 한다.

운영사업은 현재 업무의 최적화에서 출발해야 한다.

운영사업을 추진하면서 주의할 것은, 조직 내의 정보화 부서가 현업 부서, 즉 원래의 운영 업무를 담당하던 부서의 일들을 떠맡지 않도록 해야 한다. 정보화에 익숙하지 않은 현업 부서에서는 정보화 전담부서에서 자신들의 운영사업을 시작해주기를 바라는 경우가 많다. 그러나 가능하면 처음부터 해당 부서가 새로운 운영 업무를 같이 설계하고 주도하도록 해야 지속적인 운영이 가능해진다.

한편, 공공에서 운영사업을 추진할 때는 그것이 민간기업과 경쟁하는 영역인지도 주의해야 한다. 세금으로 운영되는 공공 서비스가 민간에서 하는 수익사업과 충돌이 되면 기업에 어려움이 주게 되고 공정성에도 문제가 될 수 있다.

공공 운영사업을 기획할 때 가장 중요한 것는 반드시 명확한 향후 운영 대책을 세워야 한다는 것이다. 운영비를 자체 예산으로 계속 지원하든지 아니면 수익을 낼 수 있는 구조를 만들어 민간에 위탁운영을 주는 것 등을 검토해야 한다. 사업의 내용이 좋으면 운영비 조달도 쉬울 것으로 낙관하기 쉬운데 운영비 예산을 확보하는 것은 사업을 만드는 것보다 어렵다는 것을 알아야 한다. 사업 기획 단계에서 민간 영역과 협의하여 현실적인 운영비를 예측하는 전략도 필요하다.

최근 여러 도시에서 시범사업으로 추진한 u-City 사업을 운영사업으로 전환하는 과정에서 운영비 문제로 난항을 겪고 있다. u-City 사업은 도시 행정의 모든 영역이 관련되어 있고 초고속망, WiFi, 센서망, RFID 기술 등 다양한 IT 기술이 접목되는 종합적인 정보사업으로 큰 기대를 모았었다. 그런데 u-City 사업은 실제로 기대에 미치지 못하고 있다. 공공 운영사업 기획에 참고가 되도록 u-City 사업이 어려워진 이유를 분석해 보겠다.

첫째, 각 지자체에서는 행정, 복지, 건설, 토목, 환경, 교통, 문화, 콘텐츠 등 도시 업무 전 분야와 관련이 있는 u-City 서비스 중 어떤 영역의 사업을 우선 구축할지를 선택했어야 한다. 각 도시는 서로 여건이 다르므로 서비스 도입 순서를 전략적으로 정하고 타 도시와 차별화된 서비스를 제공해야 경쟁력을 가질 수 있다.

우선 추진해야 할 u-City 서비스는 도시마다 달라야 한다.

둘째, 정보 서비스에서는 서비스 성능보다 더 중요한 것이 서비스 호환성이다. 지자체마다 독립적으로 추진된 u-City 서비스는 호환성이 결여되어 도시 간의 연속적인 서비스를 제공하지 못하게 되었고, 서비스 표준화가 이루어지지 않아 운영 비용도 늘어나게 되었다. 같은 이름의 서비스가 다른 도시에서는 다른 형태로 제공되기도 하여 u-City 서비스가 도시마다 고립적인 서비스로 되었다. 하나의 도시 내에서만 운영되는 정보는 활용 가치가 낮으며 인접한 도시 간에 연계된 정보들이 모여야 새로운 부가가치를 창출할 수 있다.

도시별로 고립된 u-City 서비스는 활용도가 떨어진다.

셋째, u-City 사업에서 가장 문제가 된 것이 서비스 구축 후의 운영 비용에 대한 것이다. u-City 서비스를 지속적으로 유지하기 위해서는 어느 부서가 운영의 책임을 지고 운영 비용을 어떻게 충당할지에 대한 대책이 필요하다. 특히 대규모로 설계되었던 u-City 통합운영 센터의 운영 비용이 문제였다.

이러한 문제를 피하려면 u-City가 새로운 서비스 도입에만 초점을 맞추면 안되고 기존의 도시 서비스의 연장선상에서 이루어져야 한다. 즉, 기존 서비스가 u-City 서비스로 대체되면서 인력과 예산이 절감되어야 하며 경우에 따라서는 한 부서에서 절감된 예산이 다른 곳에서 사용될 수 있어야 한다. 이러한 부서 간의 업무협력 및 예산조정이 되려면 부서 간의 업무 영역 지정, 정보공유 대책, 주관 부서 지정 등을 선결해야 한다.

u-City 서비스 도입으로 전체 운영 비용이 절감되어야 한다.

넷째, 지금까지 u-City 서비스는 주로 신규로 건설되는 신도시나 뉴타운을 중심으로 추진되었지만 기존 도시의 u-City 도입 전략이 더 중요하다. 신도시는 전체 도시의 5%에 불과하기 때문이다. 기존 도시에는 이미 많은 정보 서비스가 제공되고 있으므로 u-City 서비스와 기존의 정보 서비스와의 호환성이 보장되어야 한다.

기존 도시의 u-City 사업은 신도시보다 추진하기가 어렵다.

신기술 도입은 신중하게

정보사업에서는 새로 소개된 신기술을 적용하는 경우가 많다. 신기술을 적용하는 첫 번째 경우로는 신기술을 이용한 새로운 서비스를 검증하려는 시범사업이 있다. 이러한 시범사업에서는 당연히 테스트해볼 신기술을 적용해야 한다. 이처럼 사업목적 자체가 신기술 검증인 경우는 최고 관리자나 이용자들이 사업결과를 낙관적으로 기대하지 않도록 이해시키는 것이 필요하다. 즉, 이 사업이 신기술을 시험적으로 테스트하는 것이 목적이라는 것을 명확히 해야 한다.

신기술을 적용하는 두 번째 경우는 발주처 또는 사업자가 특별히 어떤 신기술을 적용해서 개발 기간을 단축하거나, 향후 운영비를 절감할 수 있다고 기대하기 때문이다. 또는 다른 기관과의 차별성을 강조하기 위해서 신기술을 도입하기도 한다. 예를 들면 세계최초로 신기술을 도입했다는 것을 표방하기 위해서이다.

그러나 신기술을 적용하는 사업은 실패하기 쉽다는 것을 알아야 한다. 왜냐하면 아직 검증되지 않은 기술을 사용하기 때문이다. 또한 신기술은 개발 전문가를 구하기도 어렵다.

신기술은 아직 검증되지 않은 기술이다.

만약 신기술을 도입할 수밖에 없다면 여기에 대한 대책을 세워야 한다. 즉, 개발 중에 신기술이 제대로 동작하지 못하면 이를 대체할 수 있는 기존의 검증된 기술을 미리 준비해 두어야 한다. 예를 들어 새로 도입한 기술이 미리 정해진 시간 동안(예를 들어 4주 이상) 문제를 일으키고 있다면 이를 대체 기술로 변경하도록 계획을 세워두고 이를 지켜야 한다.

신기술을 대체할 기존 기술을 준비해 두고 있어야 한다.

예전에는 전에 없던 신기술을 도입하면 서비스가 급격히 개선되는 경우가 많았지만 이제는 많은 기술이 성숙되었으므로 가능하면 검증된 기술을 활용하는 것이 더 안전하다. 신기술 도입으로 인한 성능 개선은 기대한 것보다 크지 않다. 특히 개발에 투입되는 시간과 시행착오를 고려한다면 더욱 그렇다.

흔히 새로운 서비스를 제공하려면 반드시 신기술을 도입해야 하는 것으로 잘못 이해하고 있는 경우가 있으나 기존의 기술로도 새로운 서비스 모델을 구현할 수 있으며 신기술 도입은 그것이 꼭 필요한 경우에 그리고 검증된 경우에 추진해야 한다.

콘텐츠 구축보다 서비스 설계부터

정보사업 기획과정을 크게 두 단계로 나눌 수 있다. 먼저 "어떤 서비스를 제공할지"를 정하는 과정이 필요하고, 그 설계된 것을 "어떻게 구축할지"를 정하는 절차로 나눌 수 있다. 모든 사업의 시작은 어떤 서비스를 제공할지를 명확히 하는 것 즉, 서비스 설계부터 출발해야 한다. 이 서비스를 어떤 기술로 어떻게 구축할 것인지는 그 다음에 고려해야 한다.

정보사업 기획은 서비스 설계와 구축 설계로 나누어진다.

서비스 설계는 서비스가 어떤 절차로 이루어지는지를 설계하는 것으로서 눈에 보이지 않는 것을 디자인하는 영역이다. 특히 서비스가 이루어지는 전체 과정에서 정보의 흐름을 설계해야 한다. 이를 위해서는 이용자가 어떤 목적으로 어떤 정보를 어느 시점에 필요로 하는지를 파악하는 것에서 시작해야 한다. 서비스 설계가 이루어진 후에 소프트웨어를 구축하고, 필요한 콘텐츠를 확보하고, 시각적인 이용자 인터페이스를 디자인하여야 한다.

한편 정보 서비스에서 이용자가 최종적으로 관심을 두는 것은 콘텐츠이다. 뉴스, 음악, 영화, 사진, 검색결과 등 정보 서비스 이용의 결과는 어떤 콘텐츠를 보내거나, 받거나, 가공하는 것으로 나타난다.

이용자에게 가치가 있는 모든 정보를 콘텐츠라고 한다.

정보 서비스는 달리 표현하면 콘텐츠를 만들고, 유통하고, 이용하도록 도와주는 서비스라고 할 수 있고 따라서 콘텐츠는 정보 서비스의 핵심대상이다.

그런데 콘텐츠가 중요하다고 해서 서비스 모델을 설계하기 전에 관련된 콘텐츠부터 확보하는 경우가 있는데 이는 잘못된 전략이다. 서비스 설계가 확정된 후에 그 서비스에 적합한 콘텐츠를 확보해야 한다. 잘못하면 미리 구축한 콘텐츠 때문에 제공할 서비스가 제한을 받기 때문이다.

서비스가 명확해지기 전에 콘텐츠부터 구축하면 서비스가 제한된다.

예전에는 확보된 콘텐츠 자체가 가치를 지니는 시대가 있었다. 지금도 콘텐츠는 중요하다. 그러나 콘텐츠 자체의 가치보다도 어떻게 콘텐츠를 이용하는가에 따라서 정보 서비스의 가치가 크게 달라진다. 콘텐츠로부터 새로운 가치를 만들어내는 것이 미래 정보사업의 핵심적인 특징이다.

예를 들어 비디오 공유 플랫폼인 유튜브에는 방대한 비디오 콘텐츠가 들어있지만 유튜브가 콘텐츠부터 모아서 서비스를 시작하고 성공

시킨 것이 아니다. 유튜브는 콘텐츠가 모일 수 있는 플랫폼을 제공하여 새로운 가치를 창출했다. 이는 페이스북이나 구글 그리고 네이버나 다음에서도 마찬가지이다.

정보 서비스에서는 정보의 흐름을 관리하는 플랫폼 설계가 중요하다.

데이터베이스 구축 중심의 사업에서는 가치 있는 디지털 콘텐츠를 확보하는 것이 중요했고 이를 이용하는 서비스를 제공했었다. 그러나 이제는 단순히 쌓여있는 정보의 가치보다 이용자들이 참여하여 만들어 내는 블로그나 트위터 같은 콘텐츠가 더 중요해졌다. 정보를 찾아주고 연결하는 플랫폼이 있으면 새로운 콘텐츠가 만들어지기는 쉽다. 사람들은 이렇게 "새로 생성되는" 콘텐츠에 더 관심이 많다.

이미 만들어진 디지털 콘텐츠는 복사도 쉬우며 디지털 시대에 콘텐츠는 생각보다 쉽게 구축할 수 있다. 저작권으로 콘텐츠를 지키는 것도 어려워졌다.

정보 서비스사업에서 콘텐츠는 서비스 모델을 정립한 후에 그 서비스에 필요한 내용과 범위에서 구축되어야 한다. 콘텐츠 구축 자체가 정보사업의 실적으로 인정받도록 진행되어서는 안 된다.

좋은 콘텐츠를 확보했다고 좋은 서비스가 만들어지는 것은 아니다.

단순할수록 경쟁력이 있다

서비스 설계에서 가장 중요한 것은 서비스는 가능한 단순해야 한다는 것이다. 하나의 서비스는 단 하나의 분명한 목적을 위해서 만들어져야 한다. 카카오톡을 많이 쓰는 이유는 메시지 기능 한 가지에 주력했기 때문이다. 부가 기능은 핵심 기능이 충분히 자리를 잡은 다음에 도입해도 된다.

어떤 서비스든 기능이 단순하고 명확할수록 경쟁력이 있다는 말은 주위에서 많이 듣지만 막상 사업을 추진하다 보면 서비스가 복잡해지게 된다. 이렇게 되는 원인과 대처방법을 알아보겠다.

발주처에서는 가능하면 여러 기능들을 통합하여 제공하고 싶어한다. 특히 공공사업에서는 같은 예산으로 많은 서비스를 제공하면 일을 잘한 것으로 생각하기가 쉽다. 또한 일단 여러 기능을 구현해 두면 혹시 일부 기능에서 부족한 결과가 나오더라도 다른 기능에서 만회할 수 있다고 생각한다.

예를 들어 하나의 웹 사이트에서 여러 서비스를 묶어 제공한다거나 하나의 서비스 프로그램에서 다양한 타입의 고객들을 동시에 만족하게 할 수 있다고 생각하기가 쉽다. 그러나 여러 기능을 한 곳에 묶어 제공하는 통합 서비스는 모든 이용자에게 외면당하기가 쉽다. 불특정 다수를 위한 서비스는 어느 대상도 만족하게 하지 못하기 때문이다.

서비스를 설계할 때에는 주된 서비스 이용자 계층을 명확히 하고 그들을 위해서 분명하고 단순한 기능을 제공해야 한다. 모든 서비스는 누구를 위한 서비스인지가 명확해야만 호소력을 갖게 된다. 특정 지역의 주민인지, 여성인지, 30대 여행자인지, 학생인지, 장노년 계층인지 이 서비스의 주력 이용자를 목표로 정하고 서비스를 설계해야 한다.

이용자들은 종합선물세트를 좋아하지 않는다. 각각 전문화된 개별 서비스를 좋아한다. 사람들이 어떤 서비스를 택할 때에는 주된 목적이 있기 마련이다. 이 하나의 핵심 서비스에 집중해야 사람들은 이를 기억하고 계속 애용하게 된다.

모두를 위한 서비스는 모두에게서 외면받는다.

현대인은 점점 바빠지고 있다. 서비스가 복잡하면 이를 이해하고 사용법을 학습할 시간이 없다. 따라서 서비스는 단순해야 하고 처음 이용하는 사람도 직관적으로 바로 사용할 수 있어야 한다. 사람들은 한 상품이나 서비스에 대해서 한 가지 사실만 기억할 수 있다. 성공한 모든 브랜드들은 이러한 원칙을 철저하게 지켰다. 아마존은 책을 파는 온라인 서점으로 각인되어 있다. 실제로 아마존에 가보면 백화점처럼 수많은 상품을 팔지만 이것은 도서 판매로 확실히 자리를 잡은 이후에 단계적으로 도입한 것이다.

사람들은 핵심 서비스 하나만 기억한다.

서비스를 단순하게 설계해야 하는 또 다른 이유는 사업을 효율적으로 추진하기 위해서이다. 서비스 설계 초기부터 많은 기능들을 구현하려고 하면 동시에 고려해야 할 내용도 많아지고 최적화할 대상도 많아진다. 설계 초반부터 최적화할 가치가 없는 일들을 최적화하느라고 핵심 서비스에 집중할 수가 없게 된다.

정보사업은 개발자의 지적 능력에 크게 의존하는 사업이다. 많은 사람이 투입되고 많은 예산이 투입된다고 하여 고품질의 결과가 나오는 것이 아니다. 개발자 개개인의 능력이 집중적으로 발휘되어야 하는데 사람이란 한 번에 집중할 수 있는 일의 범위에 한계가 있기 마련이다. 동시에 여러 기능을 생각하면 집중력이 떨어지고 좋은 품질의 결과를 얻기 힘들다. 서비스를 단순하게 시작함으로서 개발자가 핵심 기능에 집중할 수 있도록 하여야 한다.

개발자가 핵심적인 내용에 집중할 수 있게 해주어야 한다.

정보사업은 속성상 개발이 진행되면서 좋은 아이디어가 계속 떠오르게 되어있다. 중간 결과물을 보면서 또는 경쟁 서비스를 보면서 새로운 기능과 요구사항이 추가된다. 따라서 구현해야 할 기능은 처음 생각한 것보다 자연히 늘어나게 된다. 이러한 기능 증가현상을 고려해서 초기의 서비스 컨셉은 단순하게 출발해야 한다.

정보사업에서는 특히 기능이 계속 추가되는 현상을 주의해서 관리해야 한다. 핵심 기능에서 크게 벗어나는 부가적인 기능은 주요 기능을 개발한 이후에 나중에 추가하도록 해야 한다. 설계 초기부터 여러 기능을 미리 추가하고 이를 한 번에 다루느라고 고민하면 안 된다. 자칫 잘못하면 처음 의도한 서비스의 핵심에서 벗어나기도 한다. 일단 자동차가 잘 굴러가는 것을 확인한 후에 오디오 장치를 생각하면 되는 것이다.

처음부터 완성품을 만들려고 하지 말고 주요 기능이 잘 동작하는 것부터 확인해야 한다.

좋은 재료를 다 넣는다고 맛있는 음식이 만들어지는 것이 아니다. 맛있는 음식을 만들려면 적절히 넣을 것과 뺄 것을 정해주어야 하듯이 최상의 정보 서비스에서도 많은 기능을 통합해서 제공하려고 하지 말아야 한다. 정보 서비스에서 실패하는 많은 경우가 종종 많은 기능을 넣으려고 해서이다. 처음에 만들려고 했던 것이 스포츠카였다면 트럭처럼 힘도 좋고, 승용차처럼 편안하면서, 동시에 빨리 달리는 스포츠카를 만들려고 해서는 안 된다.

UX가 왜 중요한가?

2011년 전 세계 스마트폰 판매 수익의 70%를 애플의 아이폰이 가져갔다고 한다. 매출은 삼성이 1등이지만 수익률은 아이폰이 1등이다. 그렇다면 아이폰의 성공 요인이 무엇일까? 여러 가지 이유가 복합적으로 있겠지만 가장 핵심적인 단어를 찾는다면 이용자 체험(User eXperience: UX)에 대한 통찰력 때문이라고 할 수 있다. 애플사는 UX의 차별화에서 경쟁력을 가진 것이다. 아이폰, 그리고 점점 아이폰을 닮아가는 스마트폰들의 성공 요인인 UX에 대해 알아보겠다.

스마트폰에서는 앱이 서비스의 중심 역할을 한다. 앱은 스마트폰 제조회사가 만드는 것이 아니다. 흔히 스마트폰의 기능이 매우 다양하다고 생각하여 마치 스마트폰 자체가 많은 기능을 제공하는 것으로 생각하기 쉬우나, 사실 스마트폰은 앱을 실행시키는 장치일 뿐이다. 그러나 앱을 단 한 번의 클릭으로 실행하고 또 단 한 번의 홈 버튼 클릭으로 앱이 종료되게 만들었다는 것이 특징이다. 즉, 이용자 인터페이스를 매우 편리하게 만든 것이다. 각 앱의 세부적인 동작과 인터페이스는 각 앱을 개발하는 사람들이 구현해야 한다.

애플사는 아이폰에서, 수 많은 앱 개발자들이 통일된 방법으로 앱을 개발하고 각자 돈을 벌 수 있는 환경을 조성해준 것이다. PC나 초기 모델의 스마트폰에서 프로그램의 설치, 실행, 종료, 업그레이드가 얼마나 불편했었나를 생각해 보면 원클릭 인터페이스의 가치를 알 수 있을 것이다.

원클릭 인터페이스가 스마트폰 UX의 핵심이다.

아이폰이 성공한 이유에는 앱을 통한 단순한 인터페이스 제공 외에도 그 이전에 나온 애플 mp3 플레이어인 아이팟의 성공도 포함된다. 아이팟이 성공했던 이유도 매우 우수한 UX 설계 때문인데, 아이팟을 통한 편리한 음악 듣기와 팟캐스트 듣기라는 단순하고 편리한 UX가 아이폰 서비스의 기초가 되었다.

아이폰은 이렇게 사람들에게 만족스럽고 친근해진 아이팟에 전화 기능을 추가로 넣은 것이다. 즉, 아이폰은 처음부터 전화기로서 성공한 것이 아니라 편리한 음악, 앱, 팟캐스트 기능에 더하여 음성 통신까지 가능하게 하여 성공한 것이다.

애플 성공 요인의 핵심은 편리한 인터페이스이다.

이러한 변화를 기능 중심(feature centered)의 설계에서 이용자 중심(user centered) 설계로 바뀐 것이라고 한다. 참고로 예전의 핸드폰을 피처(feature)폰이라고 불렀다. 즉, 예전의 핸드폰은 기기 자체가 다양한 기능을 가진 것이 특징이었지만 스마트폰의 이용자 인터페이스 기능은 오히려 단순해졌다. 앱만 편리하게 실행하면 되는 것이다.

성공적인 이용자 중심 설계에서는 이용자가 서비스를 직관적으로 사용할 수 있게 해야 한다. 달리 말하면 이용자가 사용 설명서를 읽지 않아도 되게 해야 한다. 과거에는 공급자가 제품이나 서비스를 잘 만들고 나면 사용법을 배우는 것은 이용자의 몫이었다. 그러나 이제 이용자들은 매뉴얼을 거의 읽지 않는다. 앞으로는 매뉴얼을 보거나 사용법을 배워야만 쓸 수 있는 서비스는 소비자로부터 외면당할 것이다.

사람들은 많은 정보로부터 자신에게 필요한 정보를 쉽게 찾을 수 있는 것을 가장 필요로 한다. 이것이 더 단순하고, 직관적으로 설계된 인터페이스를 요구하는 이유이다.

수많은 정보 중에서 본인이 원하는 정보를 빨리 찾아주는 것이 중요하다.

성공적인 UX 설계를 위해서는 사람들의 심리를 이해해야 한다. 훌륭한 UX 설계팀은 심리학적, 인문학적, 사회적인 현상을 파악할 수 있어야 하고, 인체 공학적인 요소, 인터랙티브한 인터페이스 설계를 더 중요시해야 한다. 예전처럼 하드웨어 성능 위주의 설계, 소프트웨어의 빠른 처리가 핵심 가치가 아닌 것이다.

성공적인 UX 설계를 위해서는 실제 이용자를 서비스 설계과정에 참여시켜야 한다. 실제 이용자의 서비스 이용 절차, 그리고 이용 시의 어려운 점을 알아내야 한다. 이를 위해서 퍼소나(persona) 기법이 널리 사용되는데 퍼소나란 실제로 이 서비스를 사용할 가상의 인물을 설정하고 그 사람의 입장이 되어서 서비스 이용 절차를 구체적으로 시뮬레이션 해보는 것이다. 좀 더 실감이 나도록 퍼소나에게 이름도 지어주고, 직업, 가정환경, 성격도 정해준다. 가상의 사진을 만들어 벽에 붙여놓기도 한다. 감정 이입을 하는 것이다.

UX 설계의 중요한 방법으로서, 서비스가 얼마나 유용한지를 실제 이용자가 테스트하게 해 보는 사용성 테스트(usability test)를 하기도 한다. 사용성 테스트에 대해서는 4장에서 소개하겠다.

개발자는 기술에 대한 연구 못지 않게 이용자를 직접 만나고 물어보는 시간을 중요시해야 한다. 실제로 사람들이 얼마나 단순하고 편리한 서비스를 좋아하는지를, 그리고 사용법이 조금만 복잡해도 헤맨다는 것을 직접 눈으로 확인해야 한다. 사람들은 단순한 서비스와 직관적인 UX를 원하는데 개발자들은 복잡한 시스템을 만드는 실수를 하지 않기 위해서 노력해야 한다.

4.
사업 관리

사업제안요구서 RFP(Request for Proposal)를 공고하고 사업자를 선정하면 이제 정보 시스템을 개발해야 한다. 그러나 RFP는 교향곡의 악보와 같다. 같은 곡이라도 누가 연주하는가에 따라 결과는 크게 달라진다. 정보사업에서 좋은 결과물을 얻기 위한 사업 관리방법을 소개하겠다.

보고와 지시

조직의 모든 일은 보고와 지시로 이루어진다. 보고를 받지 못하면 관리자는 일이 어떻게 진행되는지 알 수 없으며 적절한 지시가 불가능하다. 또한 관리자의 명확한 지시 없이는 실무자가 제대로 일을 할 수 없다. 보고와 지시 체계는 조직 내부에서 뿐 아니라 조직간, 특히 갑과 을의 관계에서도 잘 정립되어야 한다.

보고와 지시가 원활히 이루어지지 않는 경우를 살펴보자. 가장 흔히 발생하는 상황은 어떤 문제가 발생했는데 실무자가 이를 제때에 보고하지 않는 경우이다. 일반적으로 실무자는 문제 보고를 가능한 피하고 싶어 한다. 문제 보고를 싫어하는 가장 큰 이유는 문제를 보고해봐야 좋은 소리를 듣지 못하기 때문이다.

보고자가 문제를 바로 보고하지 않는 또 다른 이유는 조금 기다려보면 다른 원인으로 인해 내가 책임져야 할 원인이 숨어버릴 가능성도 있기 때문이다. 예를 들어 작성한 프로그램에 문제가 있어 시연을 못하게 되었는데 마침 정전사고가 나면 내 원인이 자연히 숨겨진다. 또는 운이 좋으면 빠른 시간 내에 그 문제가 잘 해결될 수도 있기 때문에 문제는 굳이 서둘러 보고할 필요가 없다고 생각한다.

보고자는 가능한 문제 보고를 피하려고 한다.

그러나 중요한 문제는 언젠가 나타나게 되어 있다. 그리고 문제를 파악하는 것이 관리자의 주된 업무이므로 상급자는 나중에 언젠가 문제가 발생했던 것을 알게 된다. 상급자가 기술적인 전문가가 아니라고 해서 내용을 잘 모를 거라고 생각하면 오산이다. 상급자는 기술적으로는 전문가가 아니지만 일을 다른 각도에서 보고 문제점을 파악해내는 전문가라는 것을 잊어서는 안 된다.

상사는 기술 전문가가 아니라 문제를 파악하는 전문가이다.

심지어는 관리자가 명시적으로 보고하라고 지시한 업무에서 문제가 발생해도 실무자는 보고를 피하려고 한다. 이때에는 혹시 관리자가 잊어버릴 수도 있다고 기대하기도 한다. 물론 관리자는 바쁘므로 보고받는 것을 잊을 수도 있다.

그런데 명심할 것은 관리자가 보고하라고 지시했던 사실을 잊더라도 언젠가는 생각이 난다는 것이다. 다른 일을 계기로 아니면 잠을 자다가도 반드시 생각이 나게 되어 있다. 왜냐하면 문제는 해결해야 할 대상이기 때문이다.

관리자는 자신이 지시한 내용이 반드시 기억난다.

정보사업은 특히 보고자가 진도 내용을 감추고 정확하게 보고하지 않는 것이 쉽다. 관리자는 기술적인 내용을 잘 모르기도 하고 프로그램을 보더라도 그것이 얼마나 진행된 것인지 알 수가 없기 때문이다.

관리자는 사업을 잘 관리하려면 앞에 열거한 실무자가 문제를 숨기고 싶어 하는 속성을 파악하고 이에 대처해야 한다. 예를 들어 보고자가 중요한 문제를 보고하지 않았는데 운이 좋게 그 문제가 나중에 스스로 해결되었다고 하더라도 관리자는 중요한 문제를 즉시 보고하지 않은 것은 지적하여야 한다. “문제를 스스로 해결해 보려고 했다”고 변명을 하더라도 이는 변명일 뿐이다.

관리자가 보고받는 것을 점검하지 않는 습성이 있으면 보고자는 보고 의무를 최소화한다. 따라서 보고 원칙을 미리 정해야 한다. 어느 사업이나 마찬가지겠지만 특히 정보사업에서는 문제를 숨기기가 쉬우므로 사업이 진행되면서 문제가 계속 누적되기 쉽고 사업 종료시점이 가까워지면 큰 문제로 나타날 수 있다.

보고를 잘 하지 않는 것은 실무자의 책임이 아니라 관리자의 책임이다.

관리자는 문제를 마음 놓고 보고할 수 있는 분위기를 만들어야 한다. 오히려 문제를 즉시 보고하는 것에 후한 점수를 주어야 한다.

일하다 보면, 문제를 보고한 사람에게 바로 그 문제의 해결책을 요구하기도 한다. 그러나 이렇게 문제를 찾아내거나 스스로 보고한 사람이 일을 떠맡는다는 인식을 주면 안 된다. 오히려 다른 사람이 그 일을 해결하는데 도움을 주도록 해야 한다. 어떤 중요한 일에 문제가 생겨서 일정에 차질이 생기게 되면 그 사람에게는 다른 일을 줄여주어야 한다. 그래야 그 문제를 집중적으로 해결할 수 있기 때문이다.

문제가 생기면 일을 더 시킬 것이 아니라 오히려 일을 줄여줘야 한다.

보고자는 가능하면 완성된 보고서를 상급자에게 보여주고 싶어 한다. 보고자는 결과가 나온 후에 보고를 하는 것이 더 좋다고 생각하며 아직 결과가 없는 중간 보고는 가능한 피하려고 한다. 더구나 결과가 잘 나오지 않고 있다면 중간 보고를 하지 않으려고 한다. 보고자는 완료되지 않은 일을 보고해서 자신의 능력이 부족한 것처럼 보이기가 싫기 때문이다.

보고자는 가능한 완성된 결과 보고를 하려고 한다.

중간 보고를 피하는 또 다른 이유는, 중간 보고를 잘 못하면 예정에 없던 일을 더 맡을지도 모르기 때문이다. 사실, 보고를 받으면 대부분의 관리자는 어떤 일을 더 하라고 지시한다. 특히 능력 있는 관리자일수록 원래 계획에 없던 일을 시킨다. 이렇게 예정에 없던 일을 더 하게 될지도 모르므로 보고자는 중간 보고를 좋아하지 않는 것이다.

그러나 이렇게 중간 보고를 하고 일을 더 받게 된다면 이는 관리자가 이 사업에 관심을 갖고 적극 지원하게 할 수 있는 매우 좋은 기회이다. 사업이 잘못된 방향으로 더 진행되기 전에 방향을 바로잡는 것은 매우 중요하다. 관리자는 항상 높은 위치의 관점(view)를 가지고 있으므로 실무자보다 넓게 본다는 것을 잊어서는 안 된다. 관리자가 전문성이 떨어지더라도 시야가 실무자보다 넓다는 것을 알아야 한다. 또한 관리자는 미완성된 중간 보고를 받고 자신의 생각을 더해서 사업이 완성되어 가는 것을 좋아한다. 자신의 의지가 반영된 사업은 누구나 애착이 가게 마련이다.

일의 결과가 나온 후에 결과 보고를 받으면 관리자는 오히려 이를 좋아하지 않는다. 관리자가 손을 댈 여지가 없기 때문이다. 시간적으로 추가 업무를 지시할 시간도 없고, 내용적으로도 일이 종료되었기 때문에 틀을 고치기가 어렵다. 그래서 마음에 안 드는 부분이 있거나 잘 모르는 부분이 있어도 지나갈 수밖에 없다. 이러한 상황이 보고자가 의도한 것일지는 모르겠지만 장기적으로는 관리자로부터 감점을 받는 일이다.

보고자가 완성본을 준비해서 최종 보고만 하겠다는 것은 실무자로서 일은 내가 다 알아서 하겠다는 의지를 보여주는 것을 상징한다. 실무자가 관리자와 사업에 대해 공감을 하고 일을 원만히 추진하려면 중간 보고를 수시로 해야 한다. 관리자 입장에서도 사업을 잘 이해하려면 중간 보고를 수시로 받아야 한다.

관리자가 사업을 잘 이해하려면 중간 보고를 수시로 받아야 한다.

관리자가 바쁘다는 이유로 중간 보고를 잘 받지 않으면 사업의 진행을 파악하기가 어렵다. 특히 기술적인 용어가 많이 등장하는 정보사업은 관리하기가 어렵다. 나중에 한 번에 깊이 이해하려는 것보다 조금씩 자주 들어서 친근해지는 것이 관리자에게도 편하다.

관리자는 미완성이라도 중간 보고를 수시로 할 수 있도록 분위기를 만들어야 한다. 관리자가 완성도가 높은 결과 보고만을 원할수록 일이 중간에 개정될 기회를 놓치고 사업은 탄력을 잃게 된다. 정보사업은 일을 진행하면서 발생하는 변화를 수용해야 한다.

이렇게 중간 보고를 수시로 받고 지시함으로써 관리자는 조직 내 여러 구성원들이 이 사업에 대한 생각을 일치시킬 수가 있다. 어떤 경우에는 관리자와 실무자가 같은 사업에 대해서 다른 생각을 가지고 있는 경우도 있다. 해석을 각자 달리 한 것이다. 사업 초기에, 의견이 조율이 되기 전까지는 조직 구성원이 다양한 의견을 내는 것은 필요하다. 그러나 사업이 진행되면서도 사업에 대한 이해가 계속 다르면 사업이 성공할 수 없다.

만약 중간 보고를 싫어하는 관리자라면 어떻게 하나? 완성된 보고만을 받아서는 정보사업을 잘 관리하기가 어려우며 이러한 관리 스타일은 반드시 고쳐야 한다.

서면 보고와 구두 보고

보고에는 문서를 위주로 하는 서면 보고와 설명을 위주로 하는 구두 보고가 있다. 서면 보고를 할 때에도 말로 부연 설명은 하겠지만 주된 내용은 대부분 문서에 기록한다. 구두 보고 시에도 요약된 문서를 활용하기도 하지만 주요 내용은 설명을 통해서 전달된다.

사업의 공식적인 관리는 문서로 이루어진다. 사업계획서, RFP, 중간 보고서, 최종 보고서, 산출물 등은 반드시 문서로 작성해야 한다. 책임소재를 분명히 하고 향후 축적된 지식을 활용하기 위해서 이러한 공식적인 자료는 문서로 작성되어야 한다. 그러나 수시로 이루어지는 보고에서는 서면 보고와 구두 보고를 적절히 선택해야 한다.

서면 보고와 구두 보고 중 어느 것이 더 효과적인지를 상황에 맞게 적절히 선택하지 못하고, 신속히 구두 보고를 해야 할 때에 문서를 만드느라고 시간이 늦어지면 안 되고, 반대로 문서로 보고를 했어야 하는데 장황하게 구두 보고를 하면 상급자의 신임을 받기가 어렵다. 보고를 했는데 관리자가 뭔가 마음에 들지 않는다면 혹시 서면 보고와 구두 보고의 선택을 잘못한 것은 아닌지 생각해봐야 한다.

보고할 내용 중에 책임소재를 분명히 할 것이 있는 경우에는 서면 보고를 해야 한다. 문서로 남게 되므로 보고하는 사람도 더 책임감 있게 보고하게 되고 관리자도 책임 관계를 분명하게 이해할 수 있다.

반면에, 어떤 개념을 이해시키거나 숨어있는 노하우를 전달할 때에는 구두 보고를 해야 한다. 이런 내용은 문서로 전달하기가 어렵다. 특히 사업 초기에 새로운 개념을 설명할 때는 구두 보고를 주로 활용해야 한다. 새로운 내용을 공부하듯이 문서를 보고 이해하기는 어려우며 전문 용어나 방대한 조사 자료는 관리자를 당혹하게 만든다. 간혹 보고자가 준비를 철저히 했다는 것을 강조하기 위해서 또는 이 사업이 기술적으로 고난도의 일이라는 것을 나타내기 위해서 전문적인 내용을 자세히 문서로 보고하는 경우가 있는데 이는 오히려 역효과가 난다. 담당자가 준비를 철저히 하지 않은 것으로 비쳐지며 내용을 이해할 수 없는 사업이 되고 만다.

새로운 개념을 설명할 때는 구두 보고가 효과적이다.

사업 초기에는 하고 싶은 말이 많더라도, 한 번에 많은 내용을 보고하는 것보다 사업의 특징과 핵심 내용을 수시로 구두 보고하는 것이 효과적이다. 그러나 사업이 진행되어 사업 내용을 관리자가 어느 정도 파악했을 때에는 문서로 보고하는 것이 빠르고 편리하다. 듣는 것보다 읽는 것이 빠르기 때문이다.

사업 초기에는 구두 보고가, 후반부에는 서면 보고가 효과적이다.

여러 가지 예시를 설명할 때는 서면 보고가 효과적이다. 예를 들어 서비스에서 제공할 주요 기능들을 정리하여 설명할 때는 서면 보고가 편리하다. 관리자가 한 눈에 볼 수 있기 때문이다. 이러한 세부적인 내용은 긴 시간 구두 보고를 하면 안 된다. 문서로 보여주면 될 것을 말로 설명하면 이야기만 길어진다.

세부적인 내용 보고는 문서로 하는 것이 효과적이다.

보고를 받는 관리자의 성향에 따라 보고형태를 선택하는 것도 중요하다. 문서를 읽는 것이 편한 사람이 있고 설명 듣기를 좋아하는 사람이 있다.

주어진 문서를 읽으면서 내용을 파악하는 것을 좋아하는 관리자에게 보고할 때는 일단 문서를 건네주고 상대방이 문서를 읽을 시간을 기다려야 한다. 문서를 주고 바로 설명을 하는 보고자들이 간혹 있는데 이는 피해야 한다. 관리자는 읽는데 집중하느라고 보고자의 부연 설명을 잘 듣지 못한다. 이런 유형의 관리자는 자신이 문서를 다 훑어본 후에 질문이나 지시를 한다. 보고자는 이때 답을 하면서 필요한 내용만 추가로 설명하면 된다. 문서를 다 보고도 관리자가 아무런 질문을 하지 않으면 혹시 중요한 포인트를 놓치지 않았는지는 확인을 해야 된다.

문서를 주었으면 바로 설명하지 말고 상대방이 읽을 시간을 기다려야 한다.

구두 보고를 선호하는 관리자에게는 문서를 보여주기 전에 말로 전체적인 설명을 먼저 하는 것이 좋다. 먼저 설명하여 주요 내용을 관리자가 파악한 후에 준비한 문서를 넘겨준다.

설명을 할 때에, 흔히 보고할 내용이 많으면 일사천리로 준비한 내용을 한 번에 다 쉬지 않고 설명하는 경우가 있는데 이는 효과적이지 않다. 설명도 반드시 단계별로 나누어서 해야 한다. 개요를 짧게 먼저 설명하고 상대방의 반응을 보아야 한다. 상대방이 이해를 하고 있는지, 시간이 없어서 빨리 보고가 끝나기를 원하는지, 아니면 흥미가 있어서 더 자세히 듣고 싶어 하는지를 파악하고 다음 단계를 준비해야 한다. 개요 설명은 30초 정도로 짧게 해야 한다. 혹시 상대방이 질문을 하면 여기에 응답을 하면서 추가 설명을 하면 된다. 주의할 것은 설명 듣기를 선호하는 관리자는 보고자의 말을 중간에 잘 끊지 않는데, 이것을 자신이 보고를 잘 해서 경청을 하고 있는 것으로 오해하고 계속 보고를 하면 안 된다.

상대방이 잘 듣고 있다고 계속 설명하면 안 된다.

앞에 설명한 바와 같이 서면 보고과 구두 보고의 선택은 보고하는 사람의 취향에 따라 선택하는 것이 아니라 상황에 맞게 적절히 선택해야 한다. 개념 설명인지 상세 설명인지, 사업 초기인지 후반인지, 그리고 관리자가 어떤 방식을 선호하는지를 보고 선택해야 한다.

서면 보고과 구두 보고의 선택은 보고하는 사람의 취향에 따라 선택하는 것이 아니다.

RFP는 법조문이 아니다

사업 관리에서 가장 중요한 문서는 사업제안요구서인 RFP이다. RFP에는 사업에서 구축할 내용과 범위를 담고 있는데, 이와 함께 이 사업을 추진하는 의도를 명확하게 담고 있어야 한다. 같은 개발 내용이라도 이 시스템을 만드는 배경과 의도가 다르면 전혀 다른 결과물을 얻게 된다. 그런데 RFP에 이러한 사업 배경과 목적을 너무 추상적으로만 적는 경우가 많다. "방문자에게 최고의 감동 서비스를 제공하기 위해서" 등의 표현보다는 "7, 8월의 가족단위 여행자에게 빠른 예약을 위해서" 등 구체적으로 표현하는 것이 의도를 정확히 전달할 수 있다.

RFP에는 사업의 의도가 구체적으로 나타나야 한다.

RFP는 구체적이고 명확해야 한다. 어떤 기능을 구현하는 목적이나 의도에 대해서 모호하게 표현하면 나중에 큰 오해를 불러일으킬 수 있으므로 가능한 RFP는 구체적이어야 한다. 혹시 현재는 내용이 미정이거나 또는 나중에 바뀔 수 있다면 그 사실을 명시하면 된다.

그러면 RFP는 구체적일수록 항상 좋은 것인가? 사업 예산이나 기간과 마찬가지로 RFP도 적절한 수준으로 상세하게 작성되어야 한다.

RFP가 너무 간단해도 안 되지만 너무 상세해도 안 되는 부분이 있다. 규격이 상세할수록 개발할 시스템에 대한 오해가 없다는 장점이 있지만 정보사업의 RFP는 건물 설계도처럼 처음부터 상세하게 만들 수가 없다. 왜냐하면 사업을 진행하면서 개발할 내용이 구체화되는 경우가 많기 때문이다. 일이 진행되면서 무엇이 더 필요한지를 알게 되는 것이 정보사업의 특징이다. 어떤 경우에는 스펙이 포괄적이어야 사업자로부터 새로운 아이디어를 얻을 수가 있다.

만일 어느 사업이 하드웨어 구축 중심이거나 동작할 내용이 거의 정해져 있어 단순히 구축만 하는 경우에는 스펙을 가능한 상세하게 정해야 한다. 그러나 전에는 없던 새로운 서비스를 제공하는 경우에는 RFP에서 포괄적인 기능을 제시할 수밖에 없다. 조각할 때 만들어지는 모습을 보면서 조각을 하듯이 창조적인 서비스일수록 실제 동작과 이에 대한 이용자의 반응을 보면서 세부 기능이 바뀌는 것이다. 이런 사업에서는 RFP를 상세하게 만들고 여기에 충실하게 진행하면 창조적인 결과를 내기 어렵다.

RFP에는 상세하게 기술해야 할 부분과 포괄적으로 기술해야 할 부분이 공존한다.

한편, 정보 서비스 개발 도중에 다른 기관이나 기업에서 유사한 서비스가 소개되기도 한다. 이런 경우에는 다른 서비스를 보고 요구사항이 바뀔 수도 있다. RFP에는 가능한 구체적이어야 할 부분과 또는 포괄적이어야 할 부분이 있다는 것을 이해하고 RFP를 부문별로 얼마나 상세하게 작성할지를 정해야 한다.

발주처에서는 RFP 내용을 충실하게 따라서 사업을 추진하는 것이 안전하다고 생각하기가 쉽다. 중간에 스펙이 변경되는 것은 나중에 감사에서도 문제가 될 수 있고 스펙 변경을 처리하는 행정 절차도 부담스럽다. 때로는 RFP에 충실하게 사업을 관리하는 것이 사업자를 잘 다루는 요령이라고 생각하기도 한다.

그러나 사업자 입장에서 보면, 발주처가 RFP를 법조문처럼 중요시하는 사업이 오히려 일하기가 쉽다. 사업자는 RFP 문서대로만 일을 진행하면 되고 새로운 것을 만들어낼 고민을 안 해도 되기 때문이다. 발주처는 사업자가 RFP만 충실하게 잘 따르는 것을 좋아하면 안 된다. 사업자가 새롭게 발생하는 문제나 새로운 다른 경쟁 서비스를 고려하여 더 참신한 개선안을 적극 제시하게 해야 하며 이러한 분위기를 만드는 것은 바로 발주처의 책임이다.

RFP에만 충실한 사업은 개발자에게는 오히려 수월한 사업이다.

사업이 선정되기 전에는 모든 사업자가 어떤 기술이든 다 수용할 수 있다고 하지만 실제로 사업자들이 모든 영역의 기술자를 확보하고 있기는 어렵다. 사업자마다 더 잘할 수 있는 기술이 있기 마련이다. 사용할 기술을 선택하는 데에도 RFP에 너무 종속되지 않아야 좋은 결과를 낼 수 있다.

개발자들은 각자 자신이 즐겨 사용하는 주특기를 가지고 있다. 예를 들어 자바를 즐겨 사용하는 개발자가 있고 C 언어를 좋아하는 개발자가 있다. 혹시 RFP에서 요구한 구현 기술과 개발자들이 잘할 수 있는 기술이 다르다면 이를 개발자에 맞추어 주는 것도 필요하다. 예를 들어 RFP에는 C 언어로 개발하게 되어있지만 선정된 사업자가 자바 프로그래밍에 강하고 좋은 결과를 낼 수 있으면 자바로 개발하도록 해야 한다.

스펙 변경 요령

정보사업은 개발 도중에 스펙이 변경되기가 쉽다. 발주처는 스펙이 변경되어도 사업자가 능력이 뛰어나서 이를 쉽게 반영해줄 수 있고 사업체에게도 큰 부담이 안 된다고 생각하기 쉽다. 그러나 실제로는 간단한 기능 수정이 예상과 달리 오랜 시간이 걸리기도 한다. 이러한 스펙 변경에 대해 개발자가 거절하지 못하는 이유는 개발자도 스스로 스펙 변경이 간단할 거라고 잘못 판단하기 때문이다. 또는 발주처의 목소리가 너무 크기 때문이기도 하다.

사업자는 발주처의 스펙 변경 요구를 거부하기 어렵다.

발주처에서는 스펙 변경을 조심해서 요구해야 한다. 간단해 보이지만 간단하게 끝나지 않는 일이 생각보다 자주 발생한다. 이런 상황을 관계자들이 서로 잘 이해하면 다행인데 그렇지 못하면 일하기가 힘들어진다. 스펙 변경은 발주처에서 더 신경을 써야 한다. 발주처가 욕심을 내서 점점 많은 기능 구현을 요구하는 것은 아닌지 스스로 체크해봐야 한다.

그런데 발주처가 스펙 변경을 적절히 조절할 수 있는 경우는 많지 않다. 대부분 욕심을 내기 마련이다. 같은 비용으로 더 많은 기능을 담고 싶어 하기 때문이다. 이렇게 발주처가 스펙을 계속 상향 조정하는 경우에 사업자는 합리적인 스펙 조정을 포기하게 된다. 이로 인해 발생하는 가장 나쁜 상황은, 발주처가 원하는 대로 개발자가 스펙 변경을 모두 수용하는 경우이다. 즉, 시키는대로 다 개발하겠다고 하는 것이다. 이렇게 되면 겉모습에는 일이 잘 진행되는 것처럼 보이지만 나중에는 쓸만한 결과가 나오지 않는다. 처음에는 스포츠카를 만들려고 시작했으나 나중에는 대형 트럭처럼 크고 힘이 좋으면서, 동시에 스포츠카처럼 빠른 자동차를 만들고 있게 된다. 이런 자동차는 경쟁력이 없을 것이다.

발주처가 스펙 변경을 주도하고 이끌어가는 것은 위험한데 그 이유는 발주처는 전문가가 아니며 더욱이 개발할 정보 서비스를 실제로 이용할 이용자도 아니기 때문이다. 공공 정보사업의 발주처는 정부기관, 지자체, 공공기관이며 그 개발결과를 이용하는 이용자는 시민이다. 발주처는 이용자가 아니므로 이용자의 정확한 요구사항을 알지 못하며 단지 본인이 안다고 가정할 뿐이다.

발주처는 스펙 변경에 욕심을 내면 안 된다.

혹시 발주처가 무리하게 스펙 변경을 요구하는 상황에서 책임 있는 사업자라면 스펙 변경 요구에 대해 현명하게 대응해야 한다. 사업자는 발주처가 원하는 스펙 변경 중에서 합리적인 범위에서만 변경해야 한다.

그러나 발주처와 사업자는 갑과 을의 계약 관계이므로 대부분 발주처의 요구대로 맞추게 된다. 스펙 변경에 대한 최종 책임은 발주처에 있다는 것을 분명히 알아야 한다.

중간 점검은 사업 관리의 핵심

정보사업에서는 중간 점검을 잘하는 것이 가장 중요하다. 건설사업과 달리 정보사업에서는 중간 결과를 확인하는 것이 어렵다. 중간 점검이 어렵다고 해서 사업 종료 시점이 되어 최종 결과물을 한 번에 점검해서는 좋은 결과가 나오기 어렵다. 반드시 중간 점검을 통해서 동작을 확인해야 한다.

중간 동작을 확인할 때 주의할 것은 너무 완성도가 높은 동작의 시연을 요구하지 말고 각 단계별로 최소한의 기능만을 확인해야 한다는 것이다. 즉, 나중에 신경써도 될 부분은 나중에 잘 만들면 되지 중간 단계에서 세부적인 부분에 신경을 쓰면 일의 진행에 방해가 된다. 즉, 핵심 기능의 점검에만 초점을 맞추고 나머지 부분은 미개발로 남겨둔 프로토타입을 만들어 보고 주요 기능을 중심으로 점검해야 한다. 중간 점검에서는 최종 결과물을 향해서 개발이 맞게 진행되고 있는지를 확인하는 것이 중요하며 완성품의 일부를 만드는 것이 아님을 이해해야 한다.

중간 점검용 프로토타입은 테스트용이지 완성품의 일부가 아니다.

예를 들어 이용자 인터페이스에서 메뉴 위치, 글자 크기, 색상 등 지엽적인 것을 지적하면 안 된다. 프로토타입에서는 최종 결과가 나오기 위한 핵심 기능들이 잘 동작하는지, 어떤 문제가 발생할지 등을 파악할 수 있으면 된다.

발주처가 중간 산출물을 확인할 때 주의할 것은 데모용 산출물을 조심해야 한다는 것이다. 데모용 산출물이란 보기 좋은 산출물을 말한다. 시각적으로 잘 디자인된 화면은 일단 멋있어 보이고 결과물에 대한 호감이 커진다. 사업자는 보기 좋게 하려고 그래픽, 사진, 인터페이스를 강조한 데모용 산출물을 만들고 싶어 한다. 중간 산출물을 점검할 때는 사업 방향에 맞는 결과가 나오는지 그리고 핵심 기능들이 구현되어 있는지를 검증하는데 집중해야 한다.

중간 단계에는 보기 좋은 겉모습에 많은 점수를 주어서는 안 된다.

프로토타입을 제작할 때는 이용자의 반응이 어떨지 궁금한 부분을 만들어보고 이에 대한 피드백을 받아야 한다. 이렇게 최종 산출물을 만들기 전에 이용자의 반응을 살펴보기 위해서 프로토타입을 만들어 실제 이용자를 대상으로 시험 서비스를 해보는 것을 사용성 테스트라고 한다.

사용성 테스트에서 주의할 것은 개발자나 발주처 실무자가 직접 테스트에 참가하면 안 되고 이 서비스를 이용할 사람이 직접 참여해야 한다는 것이다. 또한 사용성 테스트를 할 때 테스트에 참여하는 사람에게 아무런 사전 정보를 주면 안 되고 도움말을 주어서도 안 된다. 옆에서 메뉴를 설명해준다든지 궁금한 것을 바로바로 답을 해주면 안 된다. 오히려 테스트를 하는 이용자가 혼잣말로 자신이 어떤 의도로 어떤 동작을 하고 있는지를 설명하게 하는 것이 도움이 된다. 어떤 기능을 수행하기 위해서 어느 버튼을 눌렀는데 원하는 결과가 안 나왔다는 등의 혼잣말을 하게 하고 옆에서 이를 관찰해야 한다. 필요하면 녹음이나 비디오로 녹화하여 분석해 보아야 한다.

사용성 테스트 중에는 옆에서 힌트를 주면 안 된다.

건축물은 허물고 다시 짓는 것이 불가하지만 소프트웨어 개발은 한 번 만든 것을 다시 만드는 것이 두 배로 힘든 것이 아니다. 건축물은 다시 지으려면 100%의 시간과 비용이 다시 들지만, 같은 기능의 소프트웨어를 다시 작성하는 데는 처음 개발할 때의 20~30% 정도의 시간만 투자하면 된다. 소프트웨어는 코드를 재사용하기가 쉽기 때문이다. 오히려 재개발을 해야 처음 개발할 때의 군더더기를 빼고 더 잘 만들 수 있다. 개발과정 중에 나온 결과물은 고쳐서 실전에 쓸 것이 아니라 버리고 새로 만들어야 한다는 것을 명심해야 한다.

개발과정에서 작성된 코드는 버리고 다시 짜야 한다.

효율보다 효과

사업 관리에서 일의 효율을 강조하는 경우가 많다. 일의 효율(efficiency)이 높다는 것은 "일을 잘 하는 것"을 말한다. 예를 들어 3일 걸릴 일을 이틀 만에 하거나 네 명이 할 일을 세 명이 처리하며 효율이 좋은 것이다. 그러나 사업 관리에서 효율보다 중요한 것은 일의 효과(effectiveness)이다. 일의 효과란 "일의 결과가 얼마나 쓸모 있는지"를 말한다. 아무리 일을 잘 해도 그 결과가 쓸모가 없으면 효과가 없는 것이다. 사업의 성공은 효율을 높이는데 있지 않고 얼마나 좋은 결과물을 내는가 즉 효과적인 결과를 내는 가에 달려있다.

일을 잘하는 것보다 쓸모 있는 결과를 내는 것이 더 중요하다.

그런데 사업 관리에서 종종 일의 효율만을 강조하게 된다. 그 이유는 효율은 측정하고 관리하기가 쉽지만 효과는 파악하기가 어렵기 때문이다. 이 부분은 특히 발주처가 신경을 써야 한다.

예를 들어 출근부를 관리하거나 산출 문서를 관리하는 것은 일을 얼마나 많이 했는지를 측정하는 데는 도움이 되지만 효과적으로 일을 하고 있는지를 알기는 어렵다. 효과 있는 결과를 내려면 효과를 측정해야 한다. 여기서 일의 효과에는 두 가지 측면이 있다. 첫째, 이 사업의 결과가 효과적이서 이용자의 만족도를 높이는 측면이 있고, 둘째로 프로젝트 자체를 효과적으로 수행하는 측면이 있다. 사실 이 두 가지 효과는 밀접하게 관련이 있다. 쓸모 있는 결과를 내려면 일을 효과적으로 해야 하기 때문이다.

정보사업의 효과를 높이려면 일 처리의 효율을 주로 볼 것이 아니라 사업에 관련된 사람들 각자의 생산성을 높여야 한다. 정보사업은 대표적인 지식산업이며 개발자 등 지식근로자의 창의성이 생산성을 높이는 데 가장 중요한 역할을 하기 때문이다. 이것이 정보사업 관리자가 가장 신경을 써야 할 부분이다.

간혹 일의 효율을 높이려고 개발 장비나 기술에 투자를 하는 경우도 있다. 새로운 기술을 도입하여 개발 시간을 줄이거나 참여 인력을 줄일 수 있다고 생각하는 것이다. 그러나 그 기술을 도입하면 어떤 효과를 낼 수 있는지는 잘 따져봐야 한다. 고급 기술을 사용했는지가 사업의 성패를 구분하지 않는다. 혹시 좋은 기술이 효율을 높여줄 수는 있겠지만 좋은 효과를 보장하는 것은 아니라는 것을 기억해야 한다. 관리자는 사람의 관리에 더 신경을 써야 한다.

정보사업의 높은 효과는 각 참여자의 생산성으로부터 나온다.

리스크 관리

리스크(risk)란 사업이 실패하거나 어려워질 수 있는 모든 요소를 말한다. 외부적인 리스크 요인으로는 사업을 시작했는데 더 좋은 유사 서비스가 발표되거나, 획기적인 대체 서비스가 나타나서 개발 중인 서비스가 필요 없게 되는 경우도 있다. 내부적인 요인으로는 핵심 개발자가 이직을 하거나, 사업자가 도산할 수도 있고 예상치 못한 심각한 기술적인 문제가 발생해서 사업을 전면적으로 재검토해야 할 경우도 있다. 모든 사업에는 반드시 크고 작은 리스크가 존재한다.

사업을 잘 관리하려면 리스크 관리계획을 세워야 한다. 그러나 현실적으로는 사업 관리에서 리스크 관리계획을 소홀히 한다. 사람들은 나쁜 일은 생각하고 싶어 하지 않는 경향이 있다. 리스크는 운이 없게 발생하는 것이고 혹시 발생하더라도 그때 대처하면 된다고 생각하기도 한다. 정보사업은 후반부에 가면 반드시 문제가 발생하며 문제가 생기면 그때 밤을 좀 새우면서 해결하면 된다고 생각하기도 한다.

모든 사업에는 리스크가 반드시 존재한다.

리스크 관리는 이렇게 문제가 발생한 후에 대처하는 것이 아니다. 문제가 생긴 후에는 효과적으로 대처하기 어렵다. 리스크 관리는 사업 초반에 미리 예측하는 것에서 시작해야 한다. 어떤 사업이든 사업을 시작하기 전에 이 사업이 반드시 실패할 수밖에 없는 요소를 세 개 이상 찾지 못했다면 사업에 대해 충분히 고민하지 않은 것이라는 말이 있다. 달리 말하면 사업이 실패할 수밖에 없는 상황을 세 개 이상 미리 찾아내고 대비책을 생각해 두어야 한다.

리스크 관리의 기본 전략은 예상되는 리스크의 목록을 만들고 이를 하나씩 검토하는 것이다. 미래의 문제들을 한 덩어리로 볼 때에는 커 보이고 대처하기 어려운 문제로 보이지만 이를 작은 단위로 분리해 보면 각각의 문제는 다룰만해 진다. 이중에서 쉽게 해결책을 찾을 수 있는 것과 정말 어려운 문제를 구분하여 대비책을 세우면 된다.

성공한 사업은 초기에 문제점들을 가능한 상세히 예측해 보고 여기에 대비하는데 많은 시간을 투자한다. 어쩔 수 없이 발생하는 문제야 피할 수 없겠지만 가능하면 문제가 발생하지 않도록 준비할 수는 있다. 정보사업이 사업 후반에 바빠지는 가장 큰 이유가 초반에 문제를 충분히 예측하지 않았기 때문이다.

리스크 관리는 문제가 발생하기 전에 특히 사업 초기에 준비해야 한다.

공공사업의 경우는 반대로 리스크 관리에 너무 철저해서 사업이 잘 추진되지 못하기도 한다. 위험 요소를 모두 피하려다 보면 안전한 사업, 즉, 성과가 확실히 나올 사업만 추진해야 하는데 그래서는 창의적인 결과는 나오기 어렵다. 안전한 방향으로만 사업을 추진하는 것이 가장 실패하기 쉬운 길이라는 것도 알아야 한다.

가장 안전한 방향은 가장 실패하기 쉬운 길이다.

사업 관계자

앞에서 사업을 구성하는 기본 요소인 예산, 기간, 일의 범위를 중심으로 사업 관리방법을 알아보았다. 이 세 요소를 잘 조정하여 일의 성과를 내는 것이 사업 관리자의 주요 역할이라고 하였는데, 실제로는 이 세 요소를 결정하는 사람들 간의 역할 조정이 더 중요하다.

사업 발주처, 사업자, 이용자 등 세 영역의 사람들이 원하는 것이 서로 다르다. 발주처는 가능한 많은 기능을 구현하고 싶고, 사업자는 조속히 사업을 마무리 하고 싶으며, 이용자는 정말 쓸 만한 서비스를 원한다. 관리자는 사업을 원만하게 성공하게 하려면 사업 관계자들이 모두 만족할 수 있도록 일을 관리해야 한다. 이렇게 사람을 관리하는 일을 하드웨어, 소프트웨어에 비유하여 피플웨어라고도 부르는데, 정보사업 관리에서 가장 중요한 요소가 바로 피플웨어이다.

사업의 성패는 예산 규모가 아니라 사람 관리에 달려있다.

계약이 필요한 모든 사업에는 갑과 을이 존재한다. 사업을 만들고 관리하는 발주처가 갑이고 돈을 받고 일을 해주는 사업자가 을이다. 사업자가 일을 나누어 하청을 주거나 프리랜서를 고용하면 여기서도 갑과 을의 관계가 생긴다.

사업 성공에 대한 모든 책임은 갑인 발주처에 있다. 가끔 사업자가 잘못하여 사업결과가 안 나왔다고 하는 경우가 있는데 그것은 사업자를 잘못 선정했거나 잘못 관리한 결과라고 해석해야 한다. 만일 선정된 사업자가 일을 제대로 할 능력이 없었다면 사업자를 교체했어야 한다. 교체가 어려우면 우수한 개발자를 투입하도록 했어야 한다. 사업자나 PM 또는 개발자를 교체하는 것은 쉬운 일이 아니다. 그러나 사업을 성공하게 하려면 사업자 선정 못지않게 관리가 중요하다. 많은 경우에 사업자가 선정되면 사업자가 전문 집단이므로 잘 알아서 해줄 것으로 기대한다. 물론 사업자는 전문가들이며 사업을 책임지고 수행할 것이라고 믿는 것이 맞다. 그러나 현실은 일이 잘 되는 방향으로 물 흐르듯이 흘러가지 않는다. 누군가 열심히 도랑을 만들고 물이 잘 흐르도록 관리하지 않으면 물은 편한 곳으로 흘러가게 된다.

일이 잘 안 되는 이유는 얼마든지 있다. 개발자의 사적인 이유부터, 개발환경이 나쁘든지, PM과 개발자의 협력이 안 되든지, 또는 예상치 못한 기술적 문제에 부딪치기도 한다. 인간 관계문제이든, 기술적문제이든, 외적인 정치적인 영향이든 모든 원인에도 불구하고 사업 관리자는 일이 되게 할 책임이 있다. 음식점의 음식이 맛이 없으면 주방장 잘못인가 아니면 주인 잘못인가? 주인은 주방장을 탓할 수 있겠지만 그 주방장을 잘못 고용했거나 잘못 관리한 주인의 책임이 더 큰 것이다. 사업 성공 여부는 갑이 을을 얼마나 잘 관리하는가에 달려있다.

사업 성패의 책임은 전적으로 발주처에게 있다.

사업의 최초 기획과 큰 그림은 발주처에서 그리지만 상세 기획과 실행계획은 사업자 측의 PM이 중심이 되어 만든다. 발주처에서는 RFP의 내용과 계약을 통해서 일의 범위를 정하지만 실제로 결과물을 만들어 내는 일은 PM의 책임이다. 발주처는 사업자의 브랜드를 믿고 맡기지만 "회사" 자체가 일하는 것은 아니다. 일의 성과는 실제로 일을 맡은 PM, 핵심 개발자, 하청업체, 프리랜서 등 개개인의 능력에 달려있으며 특히 PM의 역량이 중요하다.

조직의 역량과 개인의 역량은 비례하지 않는다. 계약한 사업자가 대기업이니까, 과거 개발 실적이 우수하니까 잘 개발할 것이라는 막연한 기대는 금물이다. 이렇게 기대를 하고 모든 것을 사업자에만 맡기면 사업은 잘못 진행된다.

사업자는 기업이다. 기업은 기본적으로 수익증대를 생각해야 하며 따라서 고급 개발자를 장시간 투입하기가 어렵다. 사업 기간이 길어지면 사업자의 핵심 개발자들은 회사 내의 다른 중요한 일을 맡기도 한다. 발주처는 PM 개인의 능력, 사업자와 하청업체와의 관계 그리고 하청업체의 능력도 정확히 파악해야 한다. 소프트웨어 개발 중심인 정보사업의 품질은 전적으로 개발자의 능력에 달려있다는 것을 명심해야 한다.

사업자 브랜드가 유명한 것과 개발자 개인의 능력은 별개이다.

발주처는 모든 것을 사업자 또는 PM에게만 맡기지 말고 필요하다면 사업자와 하청업체 및 프리랜서들의 역할 분담도 조정해주어야 한다. 믿고 맡기는 것이 미덕이 아니다.

간혹 갑이 성공적인 사업결과를 얻으려면 을은 여기에 비례하여 희생을 감수해야만 하는 것으로 생각하기 쉽다. 반대로 갑이 만족스러운 결과를 얻지 못한 경우는 을이 뭔가 일을 소홀히 하고 이득을 취한 것으로 생각할 수 있다. 즉, 갑이나 을 중 하나가 이득을 보면 다른 쪽은 손해를 보는 구도로 생각하기 쉽다. 그러나 이것은 잘못된 생각이다. 성공적인 사업에서는 갑과 을이 모두 만족한다. 반대로 실패 프로젝트에서는 갑과 을이 모두 불만이다. 한쪽의 만족이 다른 쪽의 불만으로 나타난다고 생각하면 사업 관리를 잘못 하는 것이다. 정보사업은 한쪽이 승리하는 게임이 아니다.

정보사업은 갑과 을 어느 한쪽이 이기는 게임이 아니다.

일이 되게 하는 사람이 누구인가?

어떤 사업이든지 핵심 인물이 있다. 핵심 인물이란 일이 되게 하는 능력을 가진 사람으로서 직급이 높은 관리자일 수도 있고, 실무 책임자일 수도 있으며 또는 PM이나 핵심 개발자일 수도 있다. 때로는 자문위원이 핵심 역할을 하기도 한다.

핵심 인물은 사업의 핵심 아이디어를 누가 냈는지와도 관련이 있다. 항상 그런 것은 아니지만 핵심 아이디어를 낸 사람이 핵심 인물인 경우가 많다. 관리자는 핵심 인물 또는 핵심 아이디어를 낸 사람을 사업 초기에 파악하고 일이 잘되도록 도와주어야 한다.

사업의 핵심 아이디어를 누가 냈는지를 파악해야 한다.

사업 아이디어를 발주처의 실무자가 낸 경우, 발주처의 상급 관리자가 낸 경우, 아니면 사업자가 제안한 경우 등으로 나눌 수 있다.

첫째, 사업 아이디어를 발주처의 실무자가 기안한 경우이다. 실무자는 자신의 아이디어가 선택된 것이므로 책임감 있게 일을 추진한다. 실무자가 일의 내용을 잘 알고 있으므로 관리자에게 적극적으로 보고도 하고 사업 관리도 순조롭게 이루어진다. 이 경우가 가장 이상적인 경우이다.

둘째, 발주처의 상급 관리자가 구체적인 사업 내용을 지시한 경우이다. 관리자 본인의 통찰력에 의해서 새로운 사업을 지시하는 경우도 있겠고, 다른 기관의 성공사례를 보고, 또는 시민의 제안이나 외부 전문가로부터 아이디어를 얻기도 한다.

관리자에 의해서 사업이 시작된 경우는 상급자의 의지가 있으므로 일은 어떻게든 진행된다. 단, 실무자도 사업의 내용에 동감하는 경우는 순조롭게 진행되나, 실무자가 이 사업에 부정적이면 좋은 결과가 나오기 어렵다.

상급 관리자가 원하는 사업에 실무자가 호응하지 않는 경우도 의외로 많다. 그 사업이 실무자 경험으로 볼 때 성과가 나지 않을 것이라는 확신이 있을 수도 있고, 또는 관리자가 공정하지 않은 의도로 사업을 추진하는 경우(예를 들어 자신의 고향에 도움을 주는 사업, 후배를 도와주는 사업 등)로서 사후에 실무자가 뒷감당이 어려울 수도 있기 때문이다.

상급자가 지시한 사업이라고 항상 잘 진행되는 것은 아니다.

셋째, 사업자가 아이디어를 제안한 경우이다. 사업자는 전문성이 있고 다른 유사한 사업을 추진한 경험이 많기 때문에 신규사업 아이디어도 많다. 이때는 PM이 사업을 주도하게 되며 PM의 역량에 따라 사업 성패가 나뉜다. 그러나 이 경우에 사업효과에 대해서는 잘 따져보아야 한다. 사업자의 이익이 우선되어 기획된 사업도 많기 때문이다.

위임 기술

일을 잘하는 리더는 아랫사람에게 가능한 위임을 많이 하라는 말이 있다. 위임받은 사람이 책임감 있게 일을 하여 더 좋은 성과를 낼 수 있고, 관리자도 위임함으로써 자신의 시간을 벌 수 있다고 생각한다. 그러나 위임은 잘못 적용하는 경우도 많다. 위임은 그렇게 좋기만 하며 간단한 일이 아니다.

우선 지시를 위임으로 착각하면 안 된다. 이는 관리자나 실무자나 모두 착각하기 쉽다. 상사로부터 지시받은 일을 하는 것은 일상적인 업무를 수행하는 것이지 위임을 받은 것이 아니다. 위임이란 단순히 일을 시키는 것이 아니라 그 일에 대한 처리 권한과 책임을 함께 넘기는 것을 말한다. 즉, 위임은 위임받은 사람이 결과에 대해서 책임을 질 수 있는 경우에만 성립된다. 다시 말하면 상급자가 책임져야 할 중요한 일은 남에게 위임할 수는 없는 것이다. 상급자가 책임져야 할 일은 지시를 하고 결과를 보고받아야 할 뿐이지 위임할 수 있다고 생각하면 안 된다.

지시와 보고로 이루어지는 업무수행을 위임과 혼동하면 안 된다.

사람들은 일반적으로 많은 권한을 갖고 싶어 한다. 권한을 많이 갖고 싶은 것은 사람의 근본적인 욕구에 해당한다. 한편 일을 처리할 때 자신이 독자적으로 결정할 수 있는 일의 범위가 넓을수록 더 많은 권한을 가지고 있다고 생각한다. 실무자가 이러한 본능에 이끌려 위임을 자청하기도 하는데 이는 일이 잘못 진행되는 것이다. 실무자는 관리자에게 보고를 하지 않고 자신이 독단적으로 일을 처리하면 스스로 위임을 받은 것으로 착각하기도 한다. 자신이 알아서 일을 처리할수록 권한이 많아진다고 생각하는 것이다. 그러나 이렇게 독단적으로 처리하는 일이 많아질수록 관리자로부터 신임을 얻기가 어렵고 오히려 정상적인 위임을 받을 기회가 줄어든다는 것을 알아야 한다. 왜냐하면 관리자는 이렇게 "스스로 위임"하는 현상을 금방 알게 되고 실무자가 독단적으로 결정하는 일을 축소하게 된다. 관리자는 오히려 업무 처리의 재량권을 줄이고 이 사람에게 중요한 일을 맡기지 않게 된다.

실무자가 관리자로부터 더 많은 위임을 받고 싶으면 업무를 독단적으로 결정하지 말고 오히려 수시로 중간 보고를 하여 관리자가 이 일의 내용을 잘 파악하도록 해야 한다. 관리자는 자신이 잘 아는 내용만을 위임할 수 있으며, 자신이 모르는 내용을 위임하지 않는다. 자신이 모르는 내용은 지시와 보고를 통해 처리과정을 파악해야 하기 때문에 오히려 위임을 할 수 없다.

위임을 많이 받으려면 수시로 중간보고를 하여 관리자가 내용을 분명히 파악하게 해야 한다.

관리자는 지시와 위임의 차이를 명확한 구분해야 하며, 혹시 보고자가 이를 혼동하고 있으면 이를 알려주어야 한다.

위임을 할 때는 두 사람에게 맡기면 안 된다. 둘이 협의해서 일을 분담하라고 하는 경우가 있는데 이는 위임을 하는 것이 아니라 회의하라는 것이다. 그 두 사람이 동급자이든 상하 관계이든 관계없이 위임을 할 때는 그 결과에 대해 책임질 사람으로 반드시 한 명을 지정해야 한다.

개발자는 만능이 아니다

발주처는 사업자만 선정되면 사업자가 모든 전문가를 총동원하여 문제들을 해결해 줄 것이라고 기대한다. 전문 개발자들은 무엇이든 해결해 줄 수 있는 능력이 있다고 착각하기도 한다. 그러나 이는 현실과 거리가 멀다. 이는 시간과 예산이 충분하더라도 어려운 일이며 특히 시간이나 예산이 부족한 상황이라면 더더욱 어렵다.

사업을 기획한 발주처는 적어도 수개월 동안 이 사업에 대해 고민을 했고 무엇이 필요한지를 잘 알고 있다. 그러나 사업자가 RFP를 보고 사업제안을 하면서 고민한 시간은 발주처가 고민한 시간보다 훨씬 짧다. 사업자가 과업 내용을 충분히 이해하고 최선의 해결책을 내놓으려면 시간이 더 필요하다. 간혹 개발자들이 계약을 하는 시기에 이미 해결책을 알고 있는 것처럼 말하지만 실제로는 그럴 수가 없다. 왜냐하면 숨어 있는 근본 문제는 아직 겉으로 나오지 않았기 때문이다. 정작 중요한 문제는 RFP에 쓰여 있지 않으며 사업자와 발주처의 면담을 통해서 중요한 문제들이 도출된다. 더욱이 사업 시작 단계의 미팅에서는 원론적인 이야기만 주로 하며 중요한 문제는 아직 심도 있게 다루어지지 않는다. 사업자가 초기에 해결 방향을 설정했다면 그것은 많은 가정에 기초한 것일 뿐이다.

진짜 숨은 문제는 RFP에 쓰여 있지 않다.

그렇다면 발주처는 어떻게 대처해야 하는가. 시간이 흘러서 개발자가 상황을 충분히 파악할 때까지 기다려야만 하는가? 성공적인 사업 추진을 위해서 발주처가 할 일은, 가능한 자신의 근본적인 문제점과 상황을 사업 초기에 상세히 알려주어야 한다. 발주처가 먼저 생각해봤던 해결 방안도 알려주어야 한다. 발주처는 나름대로 해결 방안을 생각해보기 마련이다. 우리는 이렇게 하고 싶었는데 실제로 어떤 문제가 발생할 수 있을지를 솔직히 물어봐야 한다.

발주처는 솔직하게 상황 설명을 해주어야 한다.

간혹 발주처에서는 자신의 생각을 가능한 미리 알려주지 않아야 사업자가 창의적인 해결책을 내놓을 것이라고 착각한다. 발주처가 생각했던 해결책을 말해주면 사업자는 쉽게 그 방향으로 맞추어 진행해버림으로써 더 좋은 아이디어가 나오지 않을 거라고 생각한다. 그러나 이는 잘못된 생각이다. 이는 마치 병원에 가서 아무 말도 하지 않고 의사가 알아서 병을 찾아내라고 하는 것과 같다. 문서에 적힌 정보는 최소한의 기초적인 정보에 지나지 않는다. 발주처가 자신의 근본 문제 그리고 생각했던 해결 방안을 이야기하지 않으면 좋은 처방이 나올 수 없다.

사업자의 실력을 테스트해보느라고 시간을 낭비하면 안 된다.

의사를 만나서 나의 증상을 설명한다고 생각해보자. 나의 문제를 가능한 정확하고 간결하게 전달해야만 의사도 정확한 진단을 하고 치료할 수 있다. 개발자는 귀신이 아니다. 말 안하면 귀신도 모른다고 했다. 개발자가 과거에 유사한 경험을 많이 했다고 하더라도 사업마다 여건이 다르다. 발주처에서 초기에 상황을 솔직히 말해 주지 않으면 개발자는 문제를 파악하는데 시간을 낭비한다.

증상을 솔직하게 말해주어야 정확한 처방을 받을 수 있다.

사업자를 너무 믿는 것과 반대로 발주처에서 사업자에게 모든 일을 세세하게 지시하는 경우도 있다. 이때에 좋은 결과를 내기가 어렵다. 왜냐하면 발주처도 문제를 어떻게 해결해야 할지 잘 모르고 있고 그래서 지금 사업자의 도움을 받고 있기 때문이다. 해결책을 모르면서 구체적으로 지시하면 안 된다.

발주처는 문제해결방법을 알고 있지 않다.

만일 다리를 건설하는 일이라면 일정이 늦어지거나, 자재를 정품을 사용하지 않던가, 개발공법을 잘못 적용하는 것 등을 지적하는 것은 전문가가 아니라도 가능하다. 그러나 정보사업에서는 전문적인 개발자가 하는 일을 세세히 관리하기가 어렵다.

특히 높은 수준의 품질이 필요한 정보 시스템 개발에서는 개발자의 능력에 호소하는 수 밖에 없다. 기본적인 동작만 하는 시스템 개발은 관리가 쉽다. 그러나 이용자가 급격히 늘어나거나, 비정상적인 상황에서도 죽지 않고 돌아가는 시스템을 만들려면 겉모습의 기능 확인만으로는 안 되며 개발자 자신이 스스로 만족할만한 높은 품질 관리가 필요하다. 눈에 보이지 않는 성능의 차이는 개발자의 손에 달려있으며 특히 최상의 작품에는 개발자의 혼이 담겨야 한다. 이런 드러나지 않는 품질 관리는 발주처 실무자나 감리 업체에서는 할 수 없다.

정보사업에서 발주처는 개발자를 요리사처럼 대접해야 한다. 맛있는 음식을 만들기 위해서 요리사를 고용했다고 해보자. 음식 재료를 다 사주고, 인건비를 주는 것만으로는 맛있는 요리가 만들어지지 않는다. 또는 옆에서 아무리 잘 지켜보아도 음식 맛을 바꿀 수는 없다. 내가 할 수 있는 것은 내가 어떤 맛을 좋아하는지 싫어하는지를 알려주는 것뿐이다. 나머지는 요리사의 손에 달려있다. 맛을 수정하기 위해서는 중간마다 맛을 보고 이야기를 해주면 된다.

눈에 보이지 않는 성능의 차이는 개발자의 손에 달려있다.

부서 간 협력

기관의 정보사업은 크게 두 가지 유형으로 나눌 수 있는데, 정보화를 담당하는 부서에서 추진하는 일과 다른 부서의 사업을 도와주는 일로 나눌 수 있다. 정보화 담당 부서 고유의 일이란 서버, 통신 네트워크, 응용 프로그램, 홈페이지의 구축이나 관리 등 정보 업무를 말한다.

다른 부서의 사업을 도와주는 일로는 지자체의 경우, 행정 업무 전산화, 위험시설 관리, 건강 정보 서비스, 농축수산물 관리, 교량 관리, 관광 정보 안내, 문화재 관리 등 다른 부서의 고유의 일을 정보화하는 사업을 말한다. 이렇게 다른 부서의 사업을 도울 때에 부서 간의 협력이 특히 중요하다. 부서들이 협력해야 할 경우 어느 부서에서 사업을 주관하는가에 따라 일의 추진 전략이 달라진다.

사업주관 부서는 예산을 신청하고, 예산을 집행하고, 사후 운영을 책임지는 부서이다. 정보화 부서가 사업을 주관할 수도 있고, 해당 부서에서 처음부터 사업을 직접 주관하고 정보화 부서는 협조만 할 수도 있다.

부서 간 협력이 필요한 정보사업에서 어느 부서가 사업을 주관하는 것이 좋을지는 일의 성격에 따라 정해져야 하는데 실제로는 조직 내의 역학 관계에 따라서 많이 좌우된다. 때에 따라서는 사업주관 역할이 조정되지 않아서 좋은 사업을 포기하는 경우도 있다.

항상 통하는 방법은 아니지만 사업주관 부서를 선택하는 데 활용할 수 있는 방법을 소개하면 다음과 같다. 시범사업은 정보화 부서가 주관하고, 운영사업은 해당 부서가 주관하는 것이다. 시범사업은 사업 결과를 계속 운영하는 것이 주목적이 아니라 사업의 타당성과 장단점을 시험해보는 성격이 크다. 또한 새로운 IT 기술을 이해해야 하므로 현업부서보다는 정보화부서가 담당하는 것이 낫다. 시범사업 이후에 운영사업으로 확대될 때에 해당부서로 이전하는 것이 이상적이다.

한편, 기존에 운영 중이던 업무에 정보 기술을 접목하는 사업, 즉, 운영사업은 향후 운영을 담당할 해당 부서가 처음부터 사업을 주관하는 것이 바람직하다. 기술적으로 어려운 내용이 있더라도 해당 부서가 책임감 있게 주도 해야만 향후 사업의 운영이 원활하게 진행될 수 있다. 이 경우에 사업 기획작업에는 정보화 부서가 협조를 해야 한다.

시범사업은 정보화 부서에서, 운영사업은 해당 부서에서 주관해야 한다.

앞으로 IT 이용이 더욱 확산되면서 기존의 업무를 정보화하는 요구가 점차 늘어날 것이다. 또한 업무가 단일 부서에서만 처리할 수 없고 여러 부서에 복합적으로 연관될 가능성이 많아지면서 점차 효율적인 부서 간 협력을 요구하게 될 것이다. 이러한 변화과정에서 정보화 부서가 유의해야 할 일은 기존 업무의 정보화에는 시간이 생각보다 오래 걸린다는 것을 알려주는 것이다. 정보 시스템이 구축된다고 업무가 바로 전환되지 못한다. 업무 정보화는 기술적인 지원만으로 이루어지지 않기 때문이다. 운영사업이 성공적으로 정착하려면 기존 업무체계를 조정하고 일 처리 과정도 같이 변화되어야만 한다. 그러나 이러한 변화는 생각보다 더디게 진행된다.

오래된 업무 처리 문화가 변하는 데는 생각보다 많은 시간이 걸린다.

또한 부서 간 협력을 하면서 정보화 부서가 타 부서의 일을 모두 떠맡듯이 일을 진행하면 안 된다. IT 기술 인력이 없는 부서에서는 정보사업을 추진하면서 업무의 일부를 정보화 부서로 넘기고 싶어 한다. 그러나 정보화 부서는 새롭게 시도만 해보는 시범사업의 경우가 아니라면 해당 부서에서 처음부터 사업을 주관하도록 설득해야 한다.

소통 능력

사업 관리과정은 모두 사람들 간의 소통으로 이루어진다. 효과적인 소통은 사람마다 또 조직마다 다르며 어떤 한 가지 방법이 최상이라고 할 수 없다. 여기서는 정보사업에서 흔히 발생하는 잘못된 소통의 경우와 이의 대처방법을 소개하겠다.

아무리 좋은 사업을 기획하고 훌륭한 팀이 준비되었어도 사업의 성공 여부는 조직 구성원 간 그리고 조직 간의 소통에 달려있다. 소통을 잘한다는 것이 단지 원만한 인간 관계를 유지하거나, 자신의 주장을 효과적으로 관철하는 능력이 좋은 것을 말하는 것이 아니다. 소통이 단지 하고 싶은 말을 하는 것이라고 생각하면 이보다 쉬운 것은 없다. 그러나 일이 되게 하는 면에서 소통 능력은 매우 어려운 일이다.

효과적인 소통은 일이 되게 하는 데 결정적인 역할을 한다. 모든 구성원은 자기의 역할에 맞는 소통 능력이 필요한데, 특히 관리자의 소통 능력이 사업 성과에 가장 큰 영향을 미친다.

효과적인 소통은 일이 되게 하는데 가장 중요하다.

사람들은 누구나 말하기를 좋아한다. 그리고 모든 사람은 자신의 주장이 옳다고 생각한다. 그리고 자신은 회의를 잘 진행하고 있다고 생각한다. 누구나 자신은 소통에 문제가 없다고 믿는다. 혹시 일이 잘 안 풀리면 대부분은 다른 사람이 그 원인이라고 생각하며 특히 다른 사람의 의사소통에 문제가 있다고 말한다. 그러나 소통의 문제는 참여자 모두의 문제이며 만일 자신의 주변에서 소통에 문제가 발생했다면 필경 그 문제의 근원은 자기 자신일 가능성이 높다.

소통에 문제가 있는 것을 서로 알게 되더라도 사람들은 각자 소신과 고집이 있으므로 이를 해결하는 것이 쉽지 않을 것이라고 생각한다. 그러나 사람은 상호적이어서 아무리 경색된 상황에서도 한쪽이 긴장을 풀려고 노력하면 상대방도 호응한다. 특히 지금은 사업을 같이 잘 만들어보려고 모인 것이 아닌가?

목적이 같다면 풀어나갈 방법이 있기 마련이다.

모든 조직마다 회의 문화가 다르다. 상급자가 주로 이야기하고 다른 사람들은 열심히 받아 적는 회의도 있고, 반대로 상급자는 거의 말을 하지 않는 회의도 있다. 정보사업 관리 회의를 효과적으로 하는 방법을 소개하겠다.

성공적인 회의의 첫째 조건은 생산적인 결과가 있어야 한다는 것이다. 예를 들어 모든 직원이 일괄적으로 보고하고 지시받는 회의는 좋은 회의가 아니다. 회의에서 생산적인 결과를 내려면 회의 주재자는 이번 회의에서 어떤 결과를 얻고 싶은지를 즉, 회의 목적이 무엇인지를 분명히 하고 이를 회의 참석자에게 미리 알려주어야 한다. 목적을 모르는 회의는 시간 낭비가 되기 쉽다. 임의의 의견을 내는 브레인스토밍 회의도 창의적인 아이디어를 수집한다는 목적이 있듯이 회의에서는 목적이 분명해야 한다.

회의의 목적을 반드시 알려주고 결과도 예상해봐야 한다.

회의가 길든 짧든 공고할 때 회의 종료 예정 시간도 같이 알려줘야 한다. 시작 시각만 알려주는 회의는 준비가 안 된 회의일 가능성이 높다. 회의종료 예정 시간이 없는 회의는 준비가 안 된 회의이다 결과를 얻을 수 있다면 회의는 짧을수록 좋다. 그렇다고 회의가 짧기만 하면 좋은 것은 아니다. 필요하다면 3시간이라도 집중적으로 회의를 해야 한다. 일하다 보면 이렇게 장시간 회의를 하는 것이 필요한 때가 분명히 있다. 사업 초기에 중요한 개념을 확정하거나, 의견 대립을 좁혀야 할 때 등이다. 이런 회의는 미리 목적을 알려주고 시간과 마음의 준비를 하고 오게 해야 한다.

회의에서 자주 하는 실수 중 하나는 제기된 문제의 답을 회의 시간 내에 얻으려고 하는 것이다. 어떤 회의에서 문제가 처음 제기되었거나 충분히 검토할 시간이 필요한 경우에는 그 문제를 바로 해결하려고 해서는 안 된다. 문제 해결보다 더 중요한 것은 문제를 명확히 정의하는 것이므로 참석자들이 모두 문제를 명확히 이해하고 있지 못하다면 문제를 정의하는데 시간을 더 할애해야 한다. 몇 사람만 문제를 알고 있고 나머지 구성원이 모르는 상태에서는 문제해결 회의가 의미가 없다. 다른 사람들에게는 시간 낭비가 된다. 더욱이 문제가 아닌 것을 해결하려고 한다면 모두 시간을 낭비하는 것이다.

회의에서 문제를 해결하려고 하기 전에 참석자가 모두 문제를 이해하고 있어야 한다.

회의 참석자 범위를 정하는 것이 회의를 잘하는데 가장 중요한 일이다. 이번 회의에 모든 관계자가 참석해야 하는지, 아니면 핵심 멤버들만 모이는지를 고민해야 한다. 또는 편안한 회의 분위기를 위해서 잘 아는 사람들 위주로 회의를 할지 아니면 불편하더라도 여러 사람의 의견을 들어야 할지도 선택해야 한다. 회의 참석자 범위를 어떻게 정하는 것이 좋을까?

정보사업 초반 기획과정에는 가능한 모든 관계자가 같이 회의를 해야 한다. 이는 정보사업의 특징이다. 건축 설계도나 기계 설계도와 달리 정보사업은 쉽게 공유할 수 있는 구체적인 설계도가 없다. 처음에 기획 문서를 보면 정보 시스템은 너무 추상적이거나 아니면 반대로 너무 복잡하고 구체적이라서 작성자가 아니면 아무도 이해하기 어렵다. 따라서 정보사업 기획 단계에서는 관리자, 실무자, PM, 개발자 그리고 하청 업체, 디자이너들이 같이 모여서 앞으로 만들 시스템의 컨셉(concept)을 공유해야 한다. 컨셉을 정하는 과정에는 가능한 모든 구성원이 참여함으로써 개발할 시스템의 성격과 차별성이 무엇인지 등을 공감하는 과정이 필요하다. 이러한 과정은 전체 구성원이 같이 해야 하며, 팀별로 각각 회의하고 팀장들이 모여서 이견을 조율하는 방식으로 진행되면 안 된다. 필요하면 20명, 30명이라도 같이 회의해야 한다. 이렇게 전체 구성원이 모이는 회의는 소집하기가 어려워 피하기가 쉬운데, 사업 초반에 전체가 모이는 회의는 분명 사업 후반에 문제를 해결하느라고 많은 시간을 투자할 위험을 낮추어 준다.

컨셉을 기획하는 과정에는 모든 구성원이 참석해야 한다.

컨셉 기획 회의에는 모든 구성원이 참석해야 하나 보통 이런 회의는 몇 번만 모이면 충분하다. 컨셉이 공유된 후 사업이 진행되면서는 회의 참석자 수를 줄여나가야 한다. 최적의 회의 참석자 수가 정해진 것은 없지만 대략의 기준은 다음과 같다.

중요한 의사결정 등 소수의 긴밀한 협의가 필요할 때는 참석자 수가 3~4명이 적절하다. 둘이서 하는 회의는 편파적인 결정을 내릴 수가 있고 5명이 넘으면 의사결정에 대한 참가자 각자의 책임감이 떨어진다고 한다.

심도 있게 토론하고 어떤 내용을 도출해야 하는 경우는 5~6명이 모이는 회의가 적절하다. 사람들의 의견을 평균적으로 파악하려면 5명 정도의 의견을 들으면 된다는 이론이 있다. 예를 들어 회사 앞 음식점이 맛이 있는지 없는지는 5명에게 물어보면 충분히 파악이 된다는 것이다.

일반적인 회의로서, 구성원의 의견을 취합하는 등의 회의는 7~8명이 적절하고 9명을 넘기지 말아야 한다. 같은 장소에 모인 사람들이 서로 다른 사람들의 생각을 파악할 수 있는 최대 수는 9명이라고 한다. 군대에서 한 분대의 규모가 8~9명인 것도 9명을 넘으면 같이 움직여야 하는 분대원들이 서로의 행동을 파악하기 어렵기 때문이라고 한다.

9명이 넘는 회의는 회의라기보다 보고회나 발표회라고 하는 것이 맞을 것이다.

회의 목적과 성격에 맞는 적정한 참가자 수를 정해야 한다.

회의 주관자가 회의 시작 초반에 자신의 의견을 먼저 말할지 아니면 다른 의견을 들어보고 자신의 의견을 나중에 말할지도 잘 선택해야 한다. 회의를 빨리 끝낼 목적으로 회의 주관자가 회의 초반에 자신의 생각을 먼저 말하기도 한다. 이는 시간을 절약하는 것이 중요한 상황이 아니라면 피해야 한다. 상급자가 결론적인 의견을 내면 회의가 끝나간다고 볼 수 있다. 회의 참석자들이 스스로 문제를 잘 해결하고 있을 때는 회의를 주재한 사람은 가능한 끼어들지 말아야 한다.

회의에서는 설명을 잘하는 것보다 질문을 잘하는 것이 더 중요하다. 좋은 질문 기술은 회의 주관자는 물론이고 일반 참석들에게도 중요한데 왜냐하면 사람들은 회의에 오면 뭔가 끊임없이 말하고 싶은 충동을 느끼기 때문에 자기가 할 말만을 생각하기 쉽고 이로 인해 회의가 비생산적으로 끝난다. 좋은 질문 방법을 몇가지 소개하겠다.

첫째, 관리자는 모르는 것만 물어봐서는 안 된다. 질문이란 원래 모르는 것을 물어보는 것이지만 회의 주관자가 모르는 것만 묻고 있어서는 안 된다. 회의는 모르는 내용을 배우는 자리가 아니기 때문이다. 더욱이 남들은 대부분 알고 있는 사실을 자신만 모르고 있다면 회의는 비효율적이 된다. 회의가 공부 시간이 되어서는 안 된다. 이는 나중에 따로 물어봐야 한다.

질문은 회의가 생산적인 결과를 내는 방향으로 가도록 도와주어야 한다. 사람들은 질문을 받으면(특히 상급자로부터) 대답을 하기 위해서 그 질문에 대한 생각이 머릿속에 차게 된다. 이는 다른 참석자들도 마찬가지이다. 예를 들어 예산에 대한 구체적인 질문을 하면 예산이 중요한 이슈가 된다. 개발자의 자질에 대한 질문을 하면 상급자의 관심사가 무엇인지를 알게 된다. 회의에서 무엇이 핵심 이슈인지가 정해지는데 질문이 중요한 역할을 한다. 따라서 질문은 모르는 영역보다 관심 영역에 집중되어야 한다. 설령 자신이 잘 알고 있는 영역이라도 그 부분을 어떻게 해결하고 있는지를 물어봄으로써 무엇이 중요한지를 알려주어야 한다.

모르는 것을 묻는 것보다 중요한 관심사항을 물어야 한다.

둘째, 의견이 대립한 회의에서는 상대의 생각을 파악하기 위한 질문을 해야 한다. 즉, 내가 궁금한 것에만 초점을 맞추지 말고, 상대방이 생각을 정리하거나 문제를 해결하는 것을 도와줄 수 있는 질문을 해야 한다. 예를 들어 내가 파악한 당신의 생각이 맞는지를 되물어서 오해의 폭을 줄여나가야 한다.

상대의 생각을 확인하기 위한 질문을 하라.

셋째, 한 번에 한 가지 질문만 해야 한다. 보고를 들은 후에 한 번에 여러 개의 질문을 하는 경우가 있는데 이것은 좋은 방법이 아니다. 왜냐하면 대답하는 사람은 여러 질문 중에서 중요한 것을 먼저 답하는 것이 아니라 자신이 대답하기 가장 좋은 질문을 골라서 대답하면서 시간을 보낼 수 있다. 또 여러 개를 동시에 답변하려면 초점도 놓치게 된다. 질문할 때에는 궁금한 사항 중에 가장 중요한 이슈 하나만 골라서 질문해야 한다. 여기에 대한 답을 듣고 필요하면 다음 이슈를 질문하면 된다.

무엇이 핵심 이슈인지 모를 때 여러 질문을 산발적으로 한다.

넷째, 질문을 했으면 답변을 잘 들어야 한다. 질문을 일방적으로 하고 답변은 건성으로 듣는 경우가 많다. 자기 생각만 전달하면 된다고 느끼기 때문이다. 그러나 생산적인 회의는 질문한 후 답변을 어떻게 듣는지를 보면 알 수 있다. 보고자가 혹시 전문적인 용어로 답변을 하더라도 대답을 잘 들어보면 어디에 문제가 있는지 관리자도 감을 잡을 수가 있다. 흔히 내용을 분명히 파악하고 있는 부분은 간단명료하게 답변하지만 자신이 없는 부분은 장황하게 설명한다.

질문을 했으면 답변을 잘 들어라.

발표

발표(프레젠테이션)는 매우 중요한 소통 도구임에도 불구하고 발표자 혼자만 이야기하고 나머지 참석자는 그저 발표를 듣기만 하는 일방적인 소통으로 인식되어 있다. 그러나 발표는 잘 준비되지 못하면 참석자의 시간만 낭비하게 된다. 아는 것과 이를 잘 표현하는 것, 그리고 발표 시간 동안 남을 설득시키기 능력은 매우 중요한 소통 도구이다. 더욱이 발표는 발표자의 역량을 보여줄 수 있는 최상의 기회이다. 발표 기회를 피해서는 발전하지 못한다. 반면에 발표를 잘하지 못하면 오히려 본인의 능력이 실제보다 낮게 평가되기도 한다. 발표 시간은 적어도 발표자에게 자유롭게 주어진 완전한 자기 표현의 기회이다.

발표는 발표자의 역량을 보여줄 수 있는 최상의 기회이므로 피하지 말고 적극 활용하라.

발표의 성공 여부는 핵심 메시지를 정확하게 전달했는 지이다. 서로 이야기를 나누며 상대방의 생각을 확인할 수 있는 회의와 달리 발표에서는 발표자가 메시지 전달에 전적인 책임을 져야 한다.

발표를 잘하려면 먼저 전달할 핵심 메시지를 명료하게 정리해 두어야 한다. 핵심 메시지는 단 한 문장으로 표현할 수 있어야 한다. 이번 발표에서는 이 내용만 확실히 전달하겠다는 굳은 의지가 필요하다. 한 번의 발표에서 많은 메시지를 전달하려고 하면 안 된다. 핵심 메시지는 하나여야 한다.

한 번의 발표에서 전달할 핵심 메시지는 하나여야 한다.

발표에 사용되는 모든 자료는 핵심 메시지를 전달하는 것을 돕는 역할을 해야 한다. 핵심 메시지 전달에 도움이 되지 않는 내용은 과감히 빼야 한다. 배경 설명을 할 때에도 프로젝트 전반에 관한 배경이나 최근 산업 동향 같은 일반사항을 나열할 것이 아니라, 내가 이번 발표에서 전달하려고 메시지를 이해하는데 꼭 필요한 배경 설명만 해야 한다.

발표는 세미나와 다르다. 세미나는 어떤 주제에 대해 심도 있는 내용을 준비해서 전달하는 것이 목적이다. 세미나에서는 뭔가 새롭게 배우는 내용이 있어야 한다. 그러나 발표는 내가 일을 얼마나 많이 했는지를 알리는 시간이 아니며 더더욱 기술 교육 시간도 아니다. 발표에서는 나의 분명한 주장 즉, 메시지가 전달되어야 한다.

발표 슬라이드에서는 가능한 글자 수를 줄여야 한다. 듣는 사람이 발표자를 보면서 말을 듣게 해야지 슬라이드를 읽게 해서는 메시지를 잘 전달할 수 없다. 메시지를 전달하는 데는 감정적인 교감이 필요하기 때문에 목소리가 글자보다 훨씬 중요하다. 최악의 발표는 청중이 슬라이드를 읽느라고 바쁜 경우이다. 혹시 청중에게 꼭 보여줘야 할 내용이 많다면 이를 슬라이드에 담지 말고 별도의 프린트로 만들어서 나중에 배포해야 한다. 발표 슬라이드에 많은 내용을 담는 것은 전달할 핵심 메시지가 없는 경우에나 사용하는 방법이다. 청중을 헷갈리게 해서 내가 무슨 말을 하려고 하는지 모르게 하려면 가능한 많은 내용을 슬라이드에 담으면 된다.

발표자는 가능하면 단상 뒤에 서 있지 말고 발표장 가운데에 서야 한다. 청중과 시선을 맞추고 청중이 자신을 보게 해야 한다.

최악의 발표는 청중이 슬라이드를 읽느라고 바쁜 경우이다.

성공적인 발표의 척도는 내가 얼마나 발표를 잘했는지가 아니라 청중이 메시지를 얼마나 잘 알아들었나에 달려있다는 것을 명심해야 한다. 발표에서는 항상 어떻게 하면 청중이 핵심 메시지를 분명히 기억할 수 있을 것인가에 초점을 맞추어야 한다. 듣는 사람들은 한 번의 발표에서 하나의 핵심 메시지만 기억할 수 있다. 절대로 많은 내용을 전달하려고해서는 안 된다.

발표를 잘하지 못하는 사람을 훈련할 때 아래와 같은 방법이 효과적이다. 예를 들어 발표자가 30분간 발표를 했는데 핵심 내용이 잘 전달되지 않았으면 그 발표자에게 슬라이드를 전혀 사용하지 않고, 청중을 보면서 구두로만 지금 발표한 내용을 5분 내에 다시 설명해 보라고 한다. 많은 경우에 30분 동안 못 알아들은 내용도 5분간 구두로 설명하는 내용은 잘 이해한다. 이런 연습을 몇 번 하고 나면 핵심 내용을 어떻게 정리하고 표현해야 하는지를 터득하게 되고 발표의 나머지 시간은 그 핵심 메시지 전달을 돕는 데 사용할 수 있게 된다.

핵심 메시지를 5분 내로 요약할 수 없는 사람은 더 많은 시간을 발표한다고 해도 메시지를 전달할 수 없다.

발표의 핵심 메시지는 5분 내에 설명이 가능해야 한다.

효과적인 자문 받기

대부분의 정보사업에서 전문가의 자문을 받으며 자문위원회를 구성하기도 한다. 자문을 잘 받는 것이 정보사업에서 중요하다. 자문을 잘못 받으면 오히려 사업을 추진하는데 걸림돌이 되기도 한다. 자문 회의를 활용하는 데에도 기술이 필요하다.

사업계획에서 전문가 자문을 받는 것이 필요하다고 했기 때문에 자문위원회를 형식적으로 구성하기도 한다. 실무자는 처음 기획한 대로 일이 진행되는 것이 가장 편한데 자문을 받으면 새로운 기능을 추가하거나 문제점을 지적하여 일의 방향이 바뀔 수 있기 때문에 자문을 적극적으로 받지 않으려 하기도 한다. 그러나 리스크 관리를 위해서 즉, 예상치 못한 문제점을 미리 찾기 위해서는 전문가의 자문을 받아야 한다. 그리고 가능하면 사업 초기에 자문을 받아야 도움이 된다. 사업 후반부에 하는 자문 회의는 거의 형식적이다. 문제점을 찾아도 방향 수정을 할 시간이 없기 때문이다. 문제가 드러나도 서로 곤란해진다.

전문가는 예상치 못한 문제점을 찾아줄 수 있는 사람이며 자문은 사업 초반에 받아야 도움이 된다.

여러 명이 모인 자문 회의에서는 심도 있는 자문을 받을 수가 없다.

각 자문위원이 발언할 시간이 적기 때문이다. 게다가 전문가들은 자문 회의에서 자신의 전문성을 과시하고 싶어 한다. 따라서 문제점을 강하게 지적하기가 쉽다. 이런 분위기의 자문 회의는 도움이 안 된다. 실제로 도움을 받으려면 자문할 시간을 충분히 배정해야 한다. 아니면 따로 시간을 내서 개별적으로 자문을 받아야 한다.

형식적으로 진행되지 않는, 실제로 좋은 자문을 받을 수 있는 자문위원회 구성방법을 소개하겠다. 형식적이 아닌 효과적인 자문위원회가 되려면 분야별, 지역별, 기관별 안배를 하여 위원회를 구성하면 안 되고, 먼저 대표 전문가를 지정한 후 이 전문가를 중심으로 생산적인 토론이 가능한 자문위원들을 추천받아야 한다. 새로운 위원을 추가할 때에는 기존의 위원들과 호흡이 맞도록 구성한다. 평소 의견대립이 많았던 전문가들로 위원회를 구성하면 회의는 비생산적인 토론장으로 변하고 만다.

효과적인 자문위원회는 호흡이 맞는 사람들로 구성해야 한다.

자문을 잘 하는 데에도 기술이 필요하다. 자문은 자신이 전문가이기 때문에 하는 것이다. 전문가란 지식이 많은 사람이 아니고, 경험이 많은 사람도 아니며 말을 잘하는 사람도 아니다. 전문가란 문제를 해결할 수 있는 사람이어야 한다.

좋은 자문은 문제를 파악하고 그 해결책은 내놓을 수 있어야 한다. 일반적인 지식이나 다른 사람들도 예상할 수 있는 평범한 해결책을 말한다면 좋은 자문이 아니다. 또한 자문은 간결해야 한다. 좋은 해결책은 명쾌하고 단순하다. 무언가 길게 설명할수록 전문가가 아니라는 것을 나타낸다.

전문가란 지식이 많은 사람이 아니라 문제를 해결할 수 있는 사람이다.

자문할 때 아닌 것은 아니라고 분명하게 말을 해야 책임 있는 자문이다. 내가 하는 말이 너무 충격적일 까봐 또는 너무나 상식적인 내용이라서 굳이 언급을 안 해도 된다고 생각하면 안 된다. 상대방은 상식적인 것을 놓치고 있을 수도 있다. 분명한 문제가 있다면 이를 반드시 지적해야 한다. 결정적인 문제점이 발견되면 일이 중단될 수도 있어야 한다.

내가 꼭 필요하고 참석해야 하는 자문 회의인지를 알아보는 방법이 있다. 자문 회의 시간을 정할 때 나에게 먼저 물어보았는지를 보면 된다. 나에게 묻지 않고 미리 자문 회의 시간을 정하고 회의에 참석해 달라고 하는 자문회의는 나의 도움이 꼭 필요한 회의는 아니다.

내가 꼭 필요한 회의에서는 나에게 먼저 시간을 물어본다.

자문할 때 주의할 것은 발주처의 최고 관리자는 때때로 외부 자문위원의 의견을 생각보다 비중 있게 받아들인다는 것이다. 자문위원의 의견을 객관적이 평가로서 존중하는 것인데, 때에 따라서는 자문위원의 간단한 코멘트가 사업 방향을 크게 바꾸기도 한다. 이런 분위기의 회의에서는 특히 신중하게 자문을 해야 한다.

실무자 입장에서 혹시 자문 회의 결과가 사업 방향을 급반전시키는 것을 피하려면 영향력 있는 자문위원에게는 미리 협조를 받아 두는 것이 좋다.

찾아보기

저자소개

저자는 행정안전부, 지식경제부, 방송통신위원회, 국토해양부, 정보통신부 그리고 여러 기업에서 정보사업의 자문을 하였다. 5권의 책을 집필하였으며 그 중 "컴퓨터 네트워크 프로그래밍"은 60여 개 대학교에서 교과서로 사용되었다.

현재 강원대학교 컴퓨터정보통신공학과 교수이며 지난 6년간 강원도 IT정책실장을 겸임했고 그동안의 경험을 바탕으로 이 책을 쓰게 되었다.

정가 8,000원

정보사업관리

2012년 8월 25일 초판 인쇄
2012년 8월 30일 초판 발행

저 자 | 김화종
발행자 | 우명찬 · 송 준
발행처 | 홍릉과학출판사
주 소 | 서울시 강북구 수유5동 455-60
등 록 | 1976년 10월 21일 제5-66호
전 화 | (02) 999-2274, 996-8341, 903-7037
팩 스 | (02) 905-6729
ISBN | 978-89-97570-37-9

e-mail: hongpub@hongpub.co.kr
http://www.hongpub.co.kr

저자와의 협의하에 인지생략